우리나라
탑조지 100

우리나라 탐조지 100

펴낸날 2024년 1월 17일
지은이 김성현, 최순규

펴낸이 조영권
만든이 노인향
꾸민이 ALL contents group

펴낸곳 자연과생태
등록 2007년 11월 2일(제2022-000115호)
주소 경기도 파주시 광인사길 91, 2층
전화 031-955-1607 팩스 0503-8379-2657
이메일 econature@naver.com
블로그 blog.naver.com/econature

ISBN 979-11-6450-059-8 03490

우리나라 탐조지 100

김성현 · 최순규 지음

자연과생태

머리말

오늘 바라보는 '새가 있는 풍경'이 내일도 펼쳐지기를

우리나라는 계절마다 다양한 새가 찾아와 580종이 넘게 기록된 곳입니다. 국토 면적은 그리 넓지 않지만 삼면이 바다로 둘러싸여 있고 넓은 산림, 하천, 내륙 습지, 갯벌 등 서식 환경이 다양하며, 위치 또한 동아시아-대양주 이동 경로에서 중간기착지로 삼기에 알맞아 새들이 들르거나 살기에 매우 좋은 환경입니다.

새는 먹이 사슬에서 최종 소비자에 속해 생태계 건강성을 나타내는 중요한 지표입니다. 이는 곧 새가 많은 곳의 환경 또한 건강하다는 뜻입니다. 매년 우리나라를 찾는 수많은 새와 그들의 서식지를 우리가 함께 지켜야 하는 이유입니다.

새들을 위협하는 가장 큰 요소는 무분별한 개발에 따른 환경 오염 및 파괴입니다. 그런데 최근에는 여기에 더해 새를 생명체가 아니라 피사체로만 여기는 일부 사람들이 번식지를 훼손하는 일까지 생기고 있습니다. 앞으로도 우리나라에서 많은 새를 보고 싶다면 서식지를 보호하는 것은 물론 새를 배려하는 태도 또한 갖춰야 하겠지요.

저희는 1990년대 후반부터 전국 방방곡곡 새를 찾아다니다 인연을 맺었습니다. 2013년에는 그동안 모은 자료를 바탕으로 함께 『새, 풍경이 되다』를 썼습니다. 우리나라 대표 철새 도래지 30곳을 소개한 책이었지요. 10여 년 전과 비교하자면 지금은 탐조 인구도 많이 늘었고, 탐조 여행도 인기가 많아졌습니다.

이런 상황을 반영해서 우리나라 탐조지 100곳을 선정해 새로이 책을 펴냅니다. 저희가 특히 즐겨 찾고 오래 보전되기를 바라는 핵심 탐조지 33곳과 더불어 전국의 추천 탐조지 67곳을 정리해 실었습니다. 실제 탐조에서 꼭 필요한 내용만을 추리고, 현장에서 편하게 활용할 수 있는 구성으로 꾸몄습니다. 우리나라 탐조지의 아름다움과 소중함을 알리고자 펴내는 이 책이 새와 서식지의 현재와 미래를 기록하는 이야기가 되기를 바랍니다.

이 책을 펴내는 데에 많은 분께서 도움을 주셨습니다. 힘들게 촬영한 사진과 상세한 탐조지 정보를 제공해 주신 강창완 · 강희만 · 고경남 · 김성진 · 김신환 · 김우열 · 박종길 · 박진영 · 빙기창 · 서한수 · 오동필 · 유승화 · 이상화 · 조종원 · 지남준 · 진선덕 · 최원석 · 최종수 · 허위행 님께 진심으로 감사합니다. 이 책의 기획부터 마무리까지 같이 고민하고 많은 조언을 아끼지 않으신 이우만 작가님, 그리고 글과 사진을 더욱 알차게 다듬어 주신 〈자연과생태〉 편집부에도 마음 깊이 감사합니다.

마지막으로 이 책을 읽는 모든 분이 '새가 살 수 없는 곳에는 사람도 살 수 없다'라는 말에 공감하며 부디 배려하는 마음으로 새와 그들의 삶터를 지키고 바라봐 주시기를 희망해 봅니다.

2024년 1월

김성현, 최순규

일러두기

- 이 책에 실은 새 이름은 『야생조류 필드 가이드(개정증보판)』(박종길, 자연과생태, 2022)을 기준으로 삼았습니다.
- 핵심 탐조지는 네이버와 카카오 맵을 따라 찾아갈 수 있도록 QR 코드를 수록했습니다. 다만 일부 기기에서는 네이버 맵 연결이 원활하지 않을 수도 있습니다. 이럴 경우에는 옵션 보기에서 링크 복사로 인터넷에 연결하거나 카카오 맵을 활용하면 됩니다. 또한 도로명이 없는 장소, 앱의 이동 경로 표시 한계 등으로 일부 경로는 실제와 차이가 날 수도 있습니다.
- 핵심 탐조지는 저자들이 즐겨 찾으며 우리나라 대표 새 관찰 명소라 할 만한 장소로 추렸고, 추천 탐조지는 지역마다 추가로 둘러보면 좋은 장소로 정리했습니다.
- 새는 단순한 피사체가 아니라 소중한 생명체입니다. 새를 배려하고 서식지를 함께 지켜 내는 데에 도움이 되기를 간절히 바라는 마음에서 번식지처럼 탐조 활동이 새에게 치명적일 수 있는 곳은 이 책에 싣지 않았습니다.

차례

경기권

강원권

충청권

경상권

전라권

제주권

맺음말

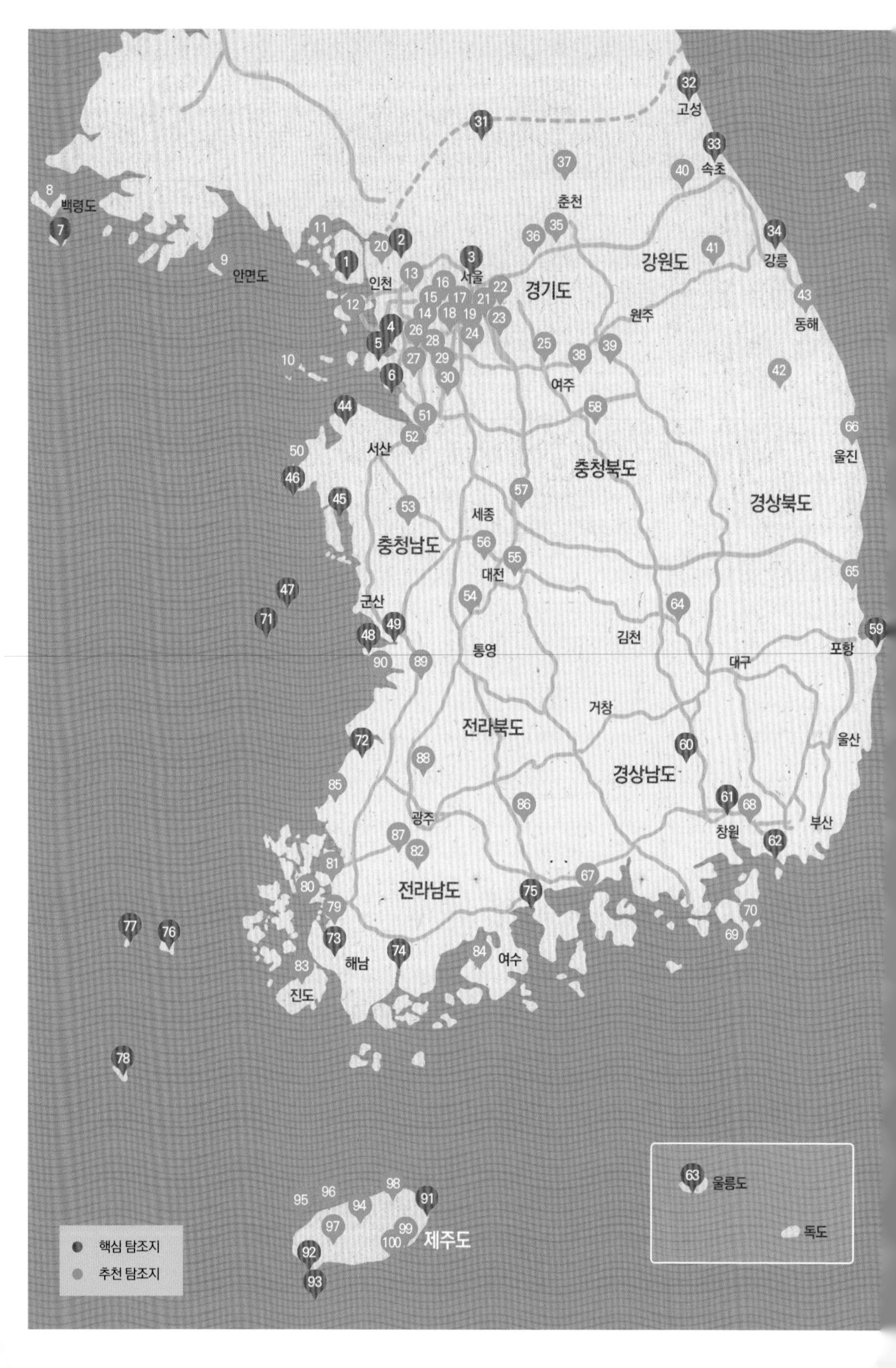

고성
속초
춘천
백령도
안면도
인천
서울
경기도
강원도
강릉
원주
동해
여주
서산
충청북도
울진
경상북도
세종
충청남도
대전
군산
김천
통영
포항
대구
거창
전라북도
울산
경상남도
광주
창원
부산
전라남도
해남
여수
진도
제주도
울릉도
독도
핵심 탐조지
추천 탐조지

우리나라 탐조지 100곳

경기권

1. 강화도
2. 공릉천
3. 국립(광릉)수목원
4. 송도·시흥 갯골
5. 시화호
6. 화성 습지
7. 소청도
8. 백령도
9. 대연평도
10. 덕적군도
11. 교동도
12. 영종도
13. 강서습지생태공원
14. 여의도샛강생태공원
15. 밤섬
16. 창경궁
17. 서울숲
18. 중랑천
19. 올림픽공원
20. 김포시 하성면 일대
21. 팔당대교
22. 양수리
23. 경안천습지생태공원
24. 남한산성
25. 이포보~여주보
26. 관곡지
27. 안산갈대습지공원
28. 왕송호수
29. 일월저수지
30. 축만제

강원권

31. 철원 평야
32. 고성 해안
33. 속초 해안
34. 강릉 해안
35. 강촌
36. 남이섬
37. 화천읍
38. 섬강
39. 원주천
40. 설악산
41. 오대산 월정사
42. 매봉산 바람의언덕
43. 동해시 해안

충청권

44. 대호·석문 방조제
45. 천수만
46. 신진도
47. 외연도
48. 유부도
49. 금강 하구
50. 천리포수목원
51. 아산호
52. 삽교호
53. 예당저수지
54. 탑정저수지
55. 갑천
56. 미호천·금강 합류부
57. 미호강
58. 충주호 조정지댐

경상권

59. 포항 해안
60. 우포늪
61. 주남저수지
62. 낙동강 하구
63. 울릉도·독도
64. 해평
65. 영덕~울진 해안
66. 연호공원
67. 갈사만
68. 화포천
69. 소매물도
70. 거제도 남부

전라권

71. 어청도
72. 고창 갯벌
73. 영암호·금호호
74. 강진만
75. 순천만
76. 흑산도
77. 홍도
78. 가거도
79. 남항 습지
80. 압해도
81. 황포호 습지
82. 지석천
83. 군내호
84. 고흥만
85. 법성포
86. 천은사
87. 영산강 상류
88. 내장사
89. 만경강 중류
90. 수라 갯벌

제주권

91. 제주 동부
92. 제주 서부
93. 마라도
94. 한라수목원
95. 비양도
96. 애월읍 금성리
97. 새별오름
98. 김녕-세화 해안 도로
99. 천미천 하류
100. 표선해수욕장

경기권

1 강화도
2 공릉천
3 국립(광릉)수목원
4 송도·시흥 갯골
5 시화호
6 화성 습지
7 소청도
8 백령도
9 대연평도
10 덕적군도
11 교동도
12 영종도
13 강서습지생태공원
14 여의도샛강생태공원
15 밤섬
16 창경궁
17 서울숲
18 중랑천
19 올림픽공원
20 김포시 하성면 일대
21 팔당대교
22 양수리
23 경안천습지생태공원
24 남한산성
25 이포보~여주보
26 관곡지
27 안산갈대습지공원
28 왕송호수
29 일월저수지
30 축만제

● 핵심 탐조지
● 추천 탐조지

연천
동두천
포천
파주
의정부
강화
강화도
고양
북한산
국립공원
남양주
김포
서울
하남
양평
인천
광명
성남
광주
시흥
안양
안산
군포
경기도
덕적군도
옹진
수원
용인
이천
승봉도
제부도
화성
오산
평택
안성
1
2
3
4
5
6
10
11
12
13
14
15
16
17
18
19
20
21
22
23
24
25
26
27
28
29
30

▶ 저어새를 온전히 키워 내는 풍요로운 갯벌

1 강화도

우리나라에서 다섯 번째로 큰 섬으로 한강, 임진강, 예성강에서 다양한 부유 물질이 쌓여 넓은 갯벌을 이루고 갯지렁이, 조개류, 갑각류 등이 매우 풍부해 새의 먹이 창고 역할을 한다. 최근 서해안에서는 갯벌이 개발로 몸살을 앓고 있어 새를 만나기가 쉽지 않은데 다행히 강화도 남단에는 아직 이처럼 훼손되지 않은 갯벌이 있어 섬 전체가 탐조 장소라고 할 수 있다. 봄과 가을에는 갯벌에 의존해서 살아가는 도요·물떼새류가 찾아오고, 저어새가 번식하는 몇 안 되는 장소이기도 하다. 전 세계 저어새의 80% 이상이 강화 갯벌에서 먹이를 잡아 새끼를 키운다고 해도 과언이 아니다. 강화도 탐조에서는 저어새를 비롯해 알락꼬리마도요, 노랑부리백로, 검은머리물떼새를 꼭 만나 보기를 바란다. 또한 유적지가 많아 탐조와 더불어 아이들과 역사 여행을 하기에도 좋다.

여차리, 동막리, 동검도를 잇는 강화도 남단 갯벌은 육지에서부터 약 6㎞까지 펼쳐지며 면적은 강화도 전체 갯벌의 25% 정도를 차지한다. 남단 갯벌 탐조는 동검도, 선두리, 동막리, 흥왕리, 여차리로 이어지는 해안 일주 도로를 따라가면 편리하다. 갯벌, 농경지, 산림에서 새를 보면서 이동하면 된다. 다만 일주 도로 탐조는 조금 힘들 수 있어 초보자라면 남단 갯벌과 농경지를 집중적으로 관찰해 보자. 갯벌이 넓어서 물이 빠지면 새를 가까이에서 볼 수 없으니 만조 1~2시간 전에 꼭 물때를 맞춰 가는 것이 좋다.
겨울철, 우리나라에서 유일하게 두루미가 갯벌에서 월동하는 모습을 볼 수 있는 곳이 바로 동검도 주변 갯벌이다. 넓은 갯벌에 형성된 갯골을 누비며 먹이 활동을 하는 빨간 정수리의 두루미와 석양의 조화로움은 강화도에서만 볼 수 있는 아름다운 장면이다.
동검도를 뒤로하고 계속 해안 도로를 달리다 보면 비교적 큰 포구와 넓은 농경지가 있는 선두리, 동막리가 나온다. 이곳에서는 시기에 따라 멸종 위기종인 저어새, 노랑부리백로 등과 도요·물떼새류의 군무를 볼 수 있다. 가을철에는 인근 무인도에서 번식한 수많은 저어새가 겨울을 나려고 남쪽으로 가기 전에 모이며, 운이 좋으면 저어새 무리의 비행도 볼 수 있다. 분오리 돈대에서는 멋진 갯벌 풍경과 도요·물떼새류의 군무가 어우러지는 모습을 한눈에 내려다볼 수 있다. 여름철 각시바위에서는 세계적 멸종 위기종인 저어새가 번식한다.
강화도 중부에 위치한 연리, 망월리, 창후리에는 넓은 농경지와 하천, 농수로가 많아 겨울철에 다양한 기러기류와 새매, 참매, 말똥가리, 잿빛개구리매 등 맹금류를 만날 수 있다. 우리나라에서 보기 힘든 캐나다기러기, 회색기러기, 줄기러기와 분홍찌르레기 등이 관찰된 곳이기도 하다.

두루미

검은머리물떼새

분홍찌르레기

흰기러기

저어새

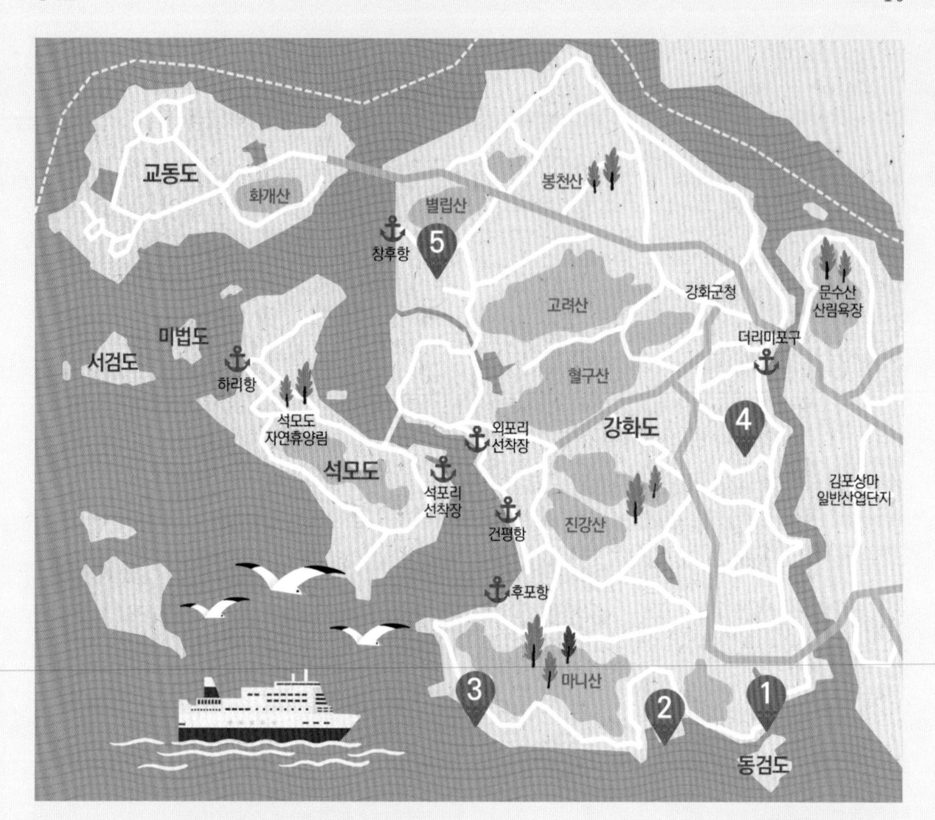

핵심 탐조 지점

1 동검도 주변: 갯벌과 주변 산림
두루미, 혹부리오리, 검은머리물떼새, 멧새류 등

2 선두리, 동막리 주변: 각시바위와 주변 농경지
저어새, 노랑부리백로, 오리·기러기류, 도요류 등

3 강화갯벌센터, 여차리 주변: 갯벌과 주변 농경지
저어새, 검은머리갈매기, 도요류, 멧새류 등

4 연리: 농경지와 농수로
기러기류 등(캐나다기러기, 줄기러기 관찰 지점)

5 망월리, 창후리: 농경지와 수로
기러기류, 맹금류, 종다리 등

아래 QR 코드를 스캔하면 탐조 코스 지도 앱으로 연결됩니다.

네이버

카카오

추천 탐조 시기

1	2	3	4	5	6	7	8	9	10	11	12
★★			★	★★			★	★★	★		★★

주요 관찰 대상	
	겨울 철새
	맹금류, 오리·기러기류
	나그네새
	이동기 도요·물떼새류

찾아 가는 길

강화대교를 건너자마자 남쪽인 연리로 이동해 남단 갯벌과 농경지를 돌아보고 서쪽 해안을 따라 북쪽으로 이동해 망월리, 창후리에서 관찰하는 것을 추천한다. 겨울철에는 이 코스를 모두 돌면 좋고 봄·가을 이동기에는 남단 갯벌을 중점적으로 탐조하면 시간을 절약할 수 있다.

흥왕리 농경지

분오리 돈대

여차리 주변 갯벌

동검도 갯벌

★ 여유가 있다면 선두리 해안에 있는 탐조 문화 공간 '스푼빌'도 둘러볼 것을 꼭 추천한다. 강화 갯벌이 창밖으로 내려다보이고 겨울에는 두루미, 여름에는 저어새를 근거리에서 탐조할 수 있다. 수시로 탐조 강연이 열리고, 새와 관련된 전시 공간, 카페, 탐조 물품 매장도 운영하고 있어 탐조와 관련한 다양한 정보를 얻을 수 있다.

탐조 문화 공간 스푼빌

▶ 새들의 이야기가 굽이굽이 흐르는 물줄기

2 공릉천

양주시 북한산에서 발원해 고양시, 파주시를 지나 한강으로 유입된다. 파주에 있는 삼릉(영릉, 순릉, 공릉) 중 공릉 앞을 흐른다고 해 공릉천이라 하며, 하천이 매우 굴곡져 일제 강점기에는 곡릉천이라고 부르기도 했다. 한강 하구와 만나며 주변 농경지도 넓어 새들이 쉬거나 먹이를 구하기에 알맞다. 주변에 잘 보전된 숲으로 둘러싸인 장릉이 있어 여름 철새와 작은 나그네새가 번식하거나 쉬었다 가기에도 좋다. 출판 단지가 조성되면서 문발 IC 근처 유수지에 생긴 돌곶이 습지는 각종 개발로 서식지를 잃은 새들에게 좋은 휴식처가 된다. 공릉천 주변에 있는 한강 하구의 산남 습지, 장항 습지에도 다양한 새가 오간다.

자유로에서 접근해 제방 도로를 따라 이동하면 시간을 절약할 수 있다. 공릉천 탐조는 크게 한강과 만나는 하류 구간과 교하체육공원 주변 구간으로 구분할 수 있다.

공릉천 하류 구간은 제방 도로를 따라가면서 하천과 농경지를 관찰하자. 오리·기러기류, 깍도요류, 말똥가리, 개개비, 멧새, 물때까치 등은 물론 평소 보기 힘든 큰말똥가리, 금눈쇠올빼미, 뜸부기, 쇠뜸부기사촌, 흰배뜸부기 등도 만날 수 있다. 초여름 모내기가 끝나면 뜸부기, 쇠뜸부기사촌, 저어새, 노랑부리저어새, 백로류 등이 찾아온다. 뜸부기와 쇠뜸부기사촌은 주변 웅덩이와 수로에서 은밀하게 여름을 준비하고, 저어새와 노랑부리저어새는 큰 덩치를 자랑하듯 논에서 연신 부리를 휘젓는다. 그러나 최근에는 제방 도로와 콘크리트 농수로 건설로 찾아오는 새가 줄어들고 있다.

공릉천 탐조에서 빼놓을 수 없는 새는 비둘기조롱이다. 몽골, 우수리, 만주 등에서 번식하고 적은 수가 한반도를 통과해 인도를 거쳐 아프리카 남부에서 월동하는 맹금류이다. 가을에 쉬어 가려고 우리나라에 들른다. 특히 10월 초 주변 농경지에서는 전깃줄에 줄을 맞춰 앉아 있거나 잠자리를 잡아먹으려고 비행하는 멋진 모습을 볼 수 있다.

교하체육공원 주변은 소하천과 공릉천이 만나 수심이 깊지 않고 갈대가 자라는 면적이 넓어 다양한 백로류, 오리류, 도요류 등을 볼 수 있다. 겨울 노을이 공릉천에 물들 때면 쇠부엉이, 칡부엉이도 만날 수도 있다.

자유로에서 멀지 않은 오두산 통일전망대에서 한강 하구를 내려다보자. 썰물 때 드러나는 모래톱에서는 오리·기러기류가 쉬고 흰꼬리수리, 말똥가리, 황조롱이, 매 등 맹금류가 한가로이 날아다니는 모습을 볼 수 있다. 한강 건너편 북한에는 백로 번식지도 보인다.

문발 IC 주변 돌곶이 습지는 한강 하구와 연계된 습지로 개리와 큰기러기를 비롯한 오리류가 먹이를 찾고 주변 갈대숲에서는 스윈호오목눈이, 북방검은머리쑥새, 긴꼬리홍양진이, 멧종다리가 부산스럽게 겨울을 난다.

여유가 있다면 장릉 숲길을 거니는 것도 좋다. 작은 산새류나 딱다구리류를 만날 수 있다.

뜸부기

꺅도요

비둘기조롱이

쇠뜸부기사촌

개리

핵심 탐조 지점

1 공릉천 하류 주변: 하천 주변 갈대숲과 논
개리, 큰기러기, 쇠기러기, 백로류, 저어새 등

2 공릉천 중류 주변: 모내기 전후의 논과 주변 수로
멧새류, 백로류, 쇠부엉이 등

3 장릉 일대: 주변 숲
중소형 산림성 조류, 아물쇠딱다구리 등

4 오두산 통일전망대: 주차장에서 바라본 북측 한강 하구
기러기류, 갈매기류, 맹금류 등

5 돌곶이 습지: 유수지 전체 갈대숲
큰기러기, 오리류, 개리, 긴꼬리홍양진이, 스윈호오목눈이, 북방검은머리쑥새류

아래 QR 코드를 스캔하면 탐조 코스 지도 앱으로 연결됩니다.

네이버

카카오

추천 탐조 시기

1	2	3	4	5	6	7	8	9	10	11	12
★★			★★				★	★★			

주요 관찰 대상

겨울 철새
맹금류, 오리·기러기류 등

나그네새
이동기 도요류 등

찾아 가는 길

상류보다는 한강과 만나는 하류에서 하천 제방 도로를 따라 상류로 이동하면서 주변 갈대숲과 농경지에 있는 새를 관찰하는 코스가 좋다. 자유로에서 송촌대교 약 500m 전방 주유소로 들어가면 작은 도로를 따라 공릉천 하류(파주시 탄현면 법흥리 1792-135)에 진입할 수 있다. 오두산 통일전망대는 공릉천 하류 북측 농경지에서 파주 아울렛 도로를 따라 갈 수 있다. 장릉은 유료 입장이며, 미리 입장 가능한 요일과 시간을 알아보는 것이 좋다.

오두산 통일전망대에서 바라본 한강 하구

공릉천 상류

공릉천 하류

장릉 숲길

▶ 500년 역사를 간직한 신비로운 숲

3 국립(광릉) 수목원

1468년, 조선 7대 왕 세조가 승하하자 왕릉을 조성하고 주변 숲을 황실림으로 지정했다. 수백 년이 지난 1911년, 국유림 구분 조사에서 능묘 부속지를 제외한 황실림 지역을 갑종요존예정임야(가장 중요하게 보존할 임야)에 편입시킨 것이 오늘날 광릉숲의 기원이다. 이후 1983년부터 1987년까지 수목원을 조성했고 여러 연구 시설물과 삼림욕장, 동물원 등을 공개했으나 숲을 보전하고자 1997년부터는 삼림욕장을 폐쇄했다. 우리나라에 서식하는 나무 대부분을 심어 생태 환경이 매우 다양하다. 멸종위기 야생생물 Ⅰ급이자 천연기념물인 크낙새가 1993년까지 우리나라에서는 유일하게 관찰된 곳이기도 하다. 곳곳이 탐조 코스이며, 오래된 나무와 풀, 산책로와 쉼터도 많아 아이들과 함께 걷기에도 좋다. 왕가의 역사뿐 아니라 나무와 숲, 새의 역사에도 귀 기울여 보자.

탐방로를 걷다 보면 계절에 따라 박새, 곤줄박이, 굴뚝새, 쇠박새, 쑥새, 노랑턱멧새, 동박새 같은 작은 산새가 모습을 드러낸다.

매년 월동하는 청도요가 유명하다. 매우 은밀하고 만나기 어려운 새로 이동기와 겨울에 아주 드물게 관찰되지만 수목원 동쪽을 흐르는 봉선사천에는 해마다 한두 마리가 꼭 찾아온다. 봉선사천과 수목원 정문에서부터 북쪽 후문 사이 구간에서 보이기는 하지만 위장술이 뛰어나고 경계심이 무척 강한 편이다.

수목원의 다양한 식물과 고목은 새에게 먹이인 곤충과 열매, 번식할 수 있는 장소를 제공한다. 그래서 숲속 깊은 곳에 사는 딱다구리류가 많다. 덩치가 크지 않은 아물쇠딱다구리도 찾아볼 만한 진객이다. 덩치가 큰 까막딱다구리는 수목원 전체를 돌아다니기 때문에 나무 쪼는 소리와 우렁찬 울음소리를 듣고 찾아야 한다.

가을 이동기에는 화목원과 키 작은 나무 언덕 주변을 유심히 관찰해 보자. 말채나무, 층층나무, 산초나무 등에 앙증맞고 귀여운 노랑딱새, 큰유리새, 지빠귀류 등이 모여들어 열매를 먹는다.

겨울에는 멋쟁이새, 양진이, 긴꼬리홍양진이가 찾아오며 간혹 큰부리밀화부리가 나타나 탐조인을 흥분시키기도 한다. 최근에는 올빼미, 긴점박이올빼미, 긴꼬리딱새, 팔색조처럼 우리나라에서 만나기 어려운 새도 사는 것으로 확인되었다.

노랑딱새

흰눈썹황금새

아물쇠딱다구리

까막딱다구리

청도요

멋쟁이새

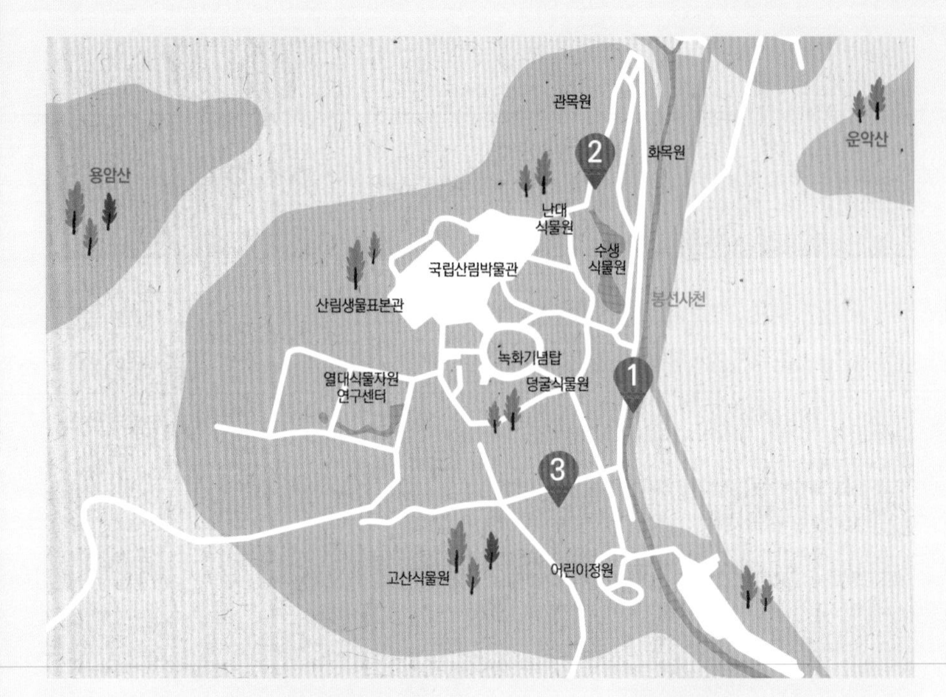

핵심 탐조 지점

1 봉선사천 주변: 탐방로 데크 주변 산림
청도요, 밀화부리, 동박새, 노랑배진박새 등

2 화목원과 관목원 주변: 탐방로와 주변 작은 나무
노랑딱새, 멋쟁이새, 양진이, 까막딱다구리 등

3 탐방로 주변: 수목원 산림과 계곡 전체
동박새, 아물쇠딱다구리, 까막딱다구리, 쇠솔딱새, 긴꼬리딱새, 팔색조 등

아래 QR 코드를 스캔하면
탐조 코스 지도 앱으로 연결됩니다.

네이버

카카오

추천 탐조 시기

★★			★					★	★★		
1	2	3	4	5	6	7	8	9	10	11	12

주요 관찰 대상

겨울 철새와 나그네새,
일부 여름 철새

찾아 가는 길

입장객 수와 입장일을 제한하고 있어 인터넷으로 예약을 해야만 들어갈 수 있다. 수목원 주차장에 주차한 뒤 봉선사천 산책로를 걸으며 탐조하거나, 수목원에 들어가 탐조한 뒤 봉선사와 주변 하천을 돌아보는 방법이 있다.

육림호 산책로 풍경

탐방로 주변 오래된 나무

수목원 탐방로

새들에게서 전해 듣는 개발의 고통

4 송도·시흥 갯골

송도는 경기만에서 가장 풍요로운 갯벌이었으나 1995년부터 시작된 매립 공사로 지금은 대부분 도시로 바뀌었다. 현재는 시흥시 앞쪽 일부 갯벌만이 남아 있으며 이마저도 매립되고 있다. 그러나 조금 남은 갯벌과 새롭게 조성된 남동유수지에는 도심 불빛 아래서 새들이 깃들어 산다. 시흥 갯골은 송도 갯벌로 유입되는 하구에 형성된 갯골이다. 새들은 하루 두 번 밀물과 썰물에 따라 날개를 펼치고 주변 염습지에서 새 생명을 키워 낸다.

남동유수지는 승기천 하류에 생긴 곳으로 지하철 동막역에서 걸어갈 수 있다. 밀물 때 갯벌에서 갈 곳이 없는 새들의 안전한 휴식처와 먹이터가 되어 준다. 천연기념물이자 멸종위기 야생생물 Ⅰ급인 저어새가 남동유수지 인공 돌섬에서 번식하는 것으로 유명하다. 번식기인 여름철에는 세계에서 6,000여 마리밖에 남지 않은 저어새의 신비로운 번식 장면을 볼 수 있다. 또한 이 인공 돌섬은 우리나라 내륙에서 유일하게 한국재갈매기가 번식하는 곳이기도 하다.

송도 센트럴파크, 해돋이공원, 미추홀공원 등은 겨울에 조경수 열매를 찾는 회색머리지빠귀를 비롯한 지빠귀류, 여새류, 멧새류, 딱다구리류를 만날 수 있으며 간혹 나무발발이도 관찰되는 도심 속 좋은 탐조지다.

소래포구는 장수천, 신천, 장현천 하구에 형성된 작은 항구로 갯벌이 발달해 밀물과 썰물에 따라 저어새, 노랑부리백로, 갈매기류, 도요·물떼새류, 오리류 등이 관찰되는 곳이다. 썰물 때에는 장도포대지 주변에서, 밀물 때에는 군자대교까지 이르는 갯벌 주변에서 새를 관찰한다.

소래포구와 이어진 월곶포구는 갯벌 층이 두껍고 늦게 밀물이 들어오는 곳으로, 그다지 넓지는 않지만 검은머리갈매기, 검은머리물떼새, 도요류 등이 먹이 활동을 하러 오고 겨울에는 오리류 등이 찾는다. 물때를 잘 맞추면 가까이에서 새를 만날 수 있다.

갯골생태공원은 송도 갯벌과 이어지면서 자연스레 생긴 갯골 지역으로 주변에 잘 발달한 염습지가 있다. 공원 주차장에 주차하고 탐방로를 따라 갯골로 이동하다 보면 봄과 가을에는 염전 체험장에서 쉬는 도요·물떼새류를 만날 수 있다. 염전 체험장 북서쪽 염습지에는 탐방로와 탐조대가 있으며 저어새, 백로류, 오리류 등을 관찰할 수 있다. 주변 갈대밭에서는 개개비사촌, 북방검은머리쑥새를 만날 수 있으며, 최근에는 흰머리멧새가 나타나기도 했다. 갯골 북쪽 탐방로를 따라가면 조금 더 많은 새를 볼 수 있다.

회색머리지빠귀
저어새
검은머리갈매기
나무발발이

쇠동고비

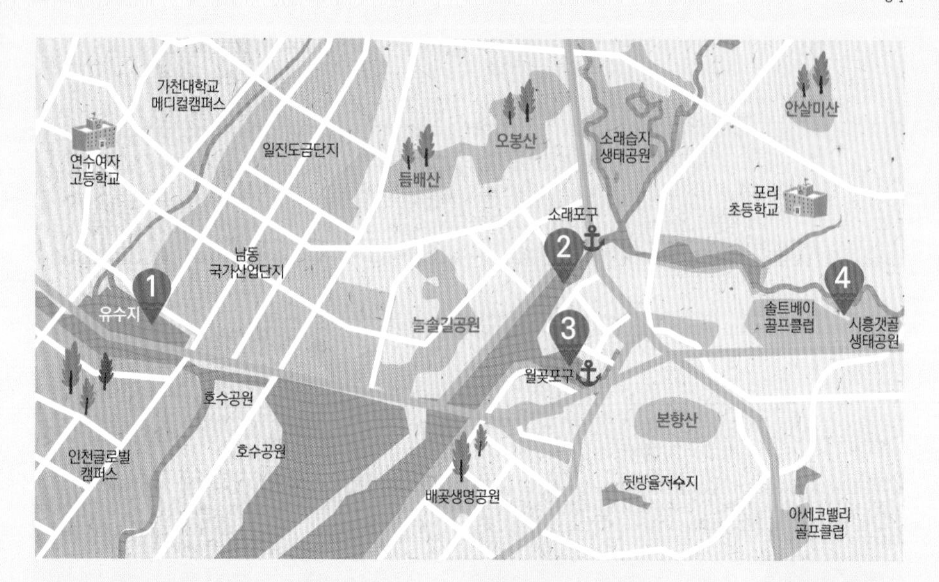

핵심 탐조 지점

1 남동유수지(저어새 번식지): 금호오션타워오피스텔 앞
저어새, 한국재갈매기, 오리류, 도요·물떼새류 등

2 소래포구: 장도포대지 앞 다리와 새우타워
저어새, 노랑부리백로, 혹부리오리, 갈매기류, 도요·물떼새류 등

3 월곶포구: 화신수산시장 주변
검은머리갈매기, 노랑부리백로, 혹부리오리, 도요·물떼새류(검은머리물떼새 등)

4 갯골생태공원: 염전 체험장 주변 갯골과 탐조대
저어새, 오리류, 도요·물떼새류, 검은머리쑥새류 등

아래 QR 코드를 스캔하면 탐조 코스 지도 앱으로 연결됩니다.

네이버

카카오

추천 탐조 시기

1	2	3	4	5	6	7	8	9	10	11	12
★★			★★					★	★★		

주요 관찰 대상

겨울 철새
오리류, 갈매기류 등

나그네새
갈매기류, 도요류 등

찾아가는 길

탐조 포인트끼리 거리가 멀어 각 포인트마다 주차하고 탐조하는 것을 추천한다. 남동유수지는 길가에 주차할 수 있고 소래포구는 주변 공영 주차장(남동구 아암대로 1597)을 이용하면 된다. 월곶포구도 길가에 주차할 공간이 많고, 시흥 갯골생태공원은 공원 주차장을 이용하면 된다.

월곶포구 주변 갯벌

소래포구 주변 갯벌

갯골생태공원 갯골

▶ 죽음의 호수에서 큰고니의 호수로

5 시화호

1994년, 경기도 시흥·안산·화성시 서쪽에 방조제가 완공되면서 생긴 면적 약 43㎢의 인공 호수다. 방조제 끝의 행정 구역인 시흥시와 화성시의 앞 글자를 따서 시화호라고 부른다. 방조제 완공 초기만 해도 오염된 민물만 유입되어 물이 썩어 가는 죽음의 호수로 여겨졌다. 그러다 최근 조력 발전으로 바닷물이 드나들면서 호수가 되살아났고 지금은 새들의 천국으로 변하고 있다. 특히 11월에는 다양한 새를 만날 수 있다. 호수 내부 갯벌이 드러나면서 많은 도요·물떼새류가 찾으며, 뿔논병아리 여러 쌍이 번식하기도 한다. 우리나라에서 큰고니를 한번에 가장 많이 볼 수 있는 곳이기도 하다. 최근에는 혹고니도 함께 겨울을 나고 있어 탐조에 즐거움을 더한다.

시화호는 넓은 면적 전체가 최고의 탐조 코스라고 할 정도로 새가 많지만 특히 남쪽에 주요 탐조 장소가 많다. 그중에서도 방아머리 쪽에서 진입해 시화호 관리 도로가 Y자 형태로 만나는 공터를 들 수 있다.

조력 발전으로 바닷물이 드나드는 방조제 안쪽에서는 바다비오리, 뿔논병아리, 흰뺨오리, 민물가마우지 같은 잠수성 물새류가 많이 관찰된다. 도로 남쪽 대송 습지에서는 큰고니, 물닭, 저어새, 큰기러기, 오리류 등을 만날 수 있다. 물 위에 둥지를 튼 뿔논병아리 가족의 모습은 언제 봐도 평화롭다.

도로 주변 갈대숲과 물웅덩이에는 수줍음을 많이 타는 작은 새가 많고, 이들을 먹이로 삼는 잿빛개구리매, 참매, 말똥가리, 큰말똥가리, 털발말똥가리, 흰꼬리수리 등이 비행하는 장면을 볼 수 있다.

형도 서쪽과 탄도 수로 지역은 주로 청머리오리, 알락오리, 청둥오리 같은 수면성 오리류와 노랑부리저어새, 물닭, 혹고니, 큰고니가 지내고 겨울에 물이 얼면 흰꼬리수리가 쉬는 곳이다. 특히 탄도 수로는 우리나라에서 검은목논병아리가 가장 많이 모여 먹이 활동을 하는 곳이다.

형도 주변에는 키가 큰 나무가 많아 맹금류가 앉아서 쉬거나 먹이를 찾는다. 봄·가을 이동기에는 도요·물떼새류와 함께 솔새류와 쇠솔딱새류를, 겨울에는 혹부리오리, 황오리 등과 기러기류, 고니류를 만날 수 있다. 간혹 여기서 오리류를 사냥하는 참매나 매를 볼 수도 있다.

형도를 기준으로 남쪽과 동쪽은 염습지이며 경치가 매우 뛰어나다. 멋진 비행 솜씨를 뽐내는 말똥가리, 큰말똥가리, 잿빛개구리매 같은 맹금류를 만날 가능성이 크다. 운이 좋으면 초지를 한가로이 다니는 고라니나 너구리도 만날 수 있다.

큰고니
뿔논병아리
털발말똥가리
혹고니

검은목논병아리 무리

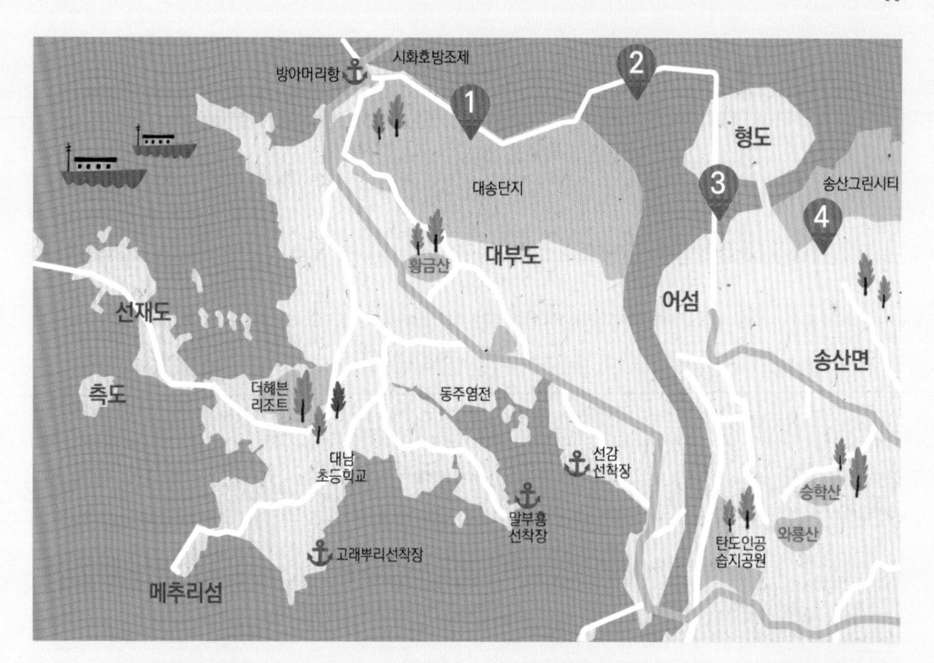

핵심 탐조 지점

1 대송 습지: 통문을 지나 도로를 따라 이동
고니류, 오리류, 뿔논병아리, 물닭, 노랑부리저어새, 황새 등

2 형도 서쪽: 탄도 수로와 서쪽 습지
큰고니, 혹고니, 도요·물떼새류, 검은목논병아리, 흰꼬리수리, 백로류 등

3 형도 주변: 도로를 따라 이동
큰고니, 큰기러기, 큰말똥가리, 황오리, 노랑부리저어새, 오리·기러기류, 도요·물떼새류 등

4 형도 남동쪽: 도로를 따라 이동
맹금류(말똥가리, 흰꼬리수리 등), 소형 조류(검은머리쑥새류 등)

아래 QR 코드를 스캔하면 탐조 코스 지도 앱으로 연결됩니다.

네이버

카카오

추천 탐조 시기

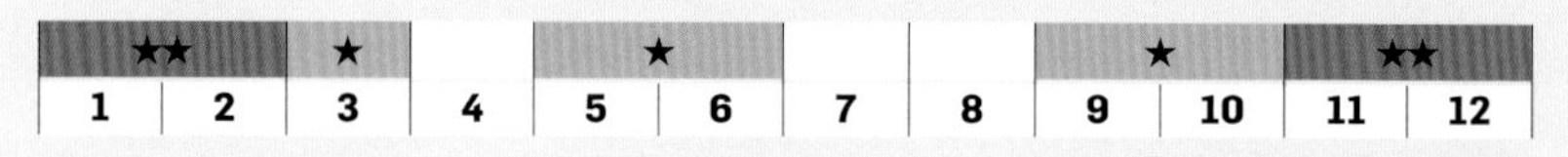

1	2	3	4	5	6	7	8	9	10	11	12
★★		★		★				★		★★	

주요 관찰 대상

겨울 철새
오리·기러기류, 고니류,
맹금류, 갈매기류 등

찾아 가는 길

시화호는 일반인 출입이 통제되는 곳이어서 안산시를 비롯해 관련 지역 또는 환경 단체의 프로그램을 통해서 둘러볼 수 있다. 안산시는 '단원구 대부황금로 1546-1'에서, 화성시는 '송산면 어섬길 72' 일대에서 들어간다.

시화호 전경

되살아난 갯벌

초지

갈대숲

▶ 간척 시대를 지나 도요새의 쉼터로

6 화성 습지

경기도 화성시 우정면 매향리와 서신면 궁평리 사이를 연결하는 화옹방조제가 건설되면서 생긴 인공 호수와 주변 간척 농지, 방조제 바깥에 있는 매향리 갯벌을 모두 아울러 화성 습지라고 한다. 호수 면적은 17.3㎢, 방조제 길이는 9.8㎞에 달한다. 방조제 공사로 여의도 면적의 약 21배에 달하는 갯벌이 없어졌다. 간척지는 현재 농지로 분류되지만 축산단지, 농어민 특화단지, 수출 원예 클러스터 등이 들어섰고 가장 넓은 면적은 수원 공군기지 이전 후보지로 거론되고 있다. 이처럼 우려스러운 점도 많지만 여전히 남은 매향리 갯벌과 호수, 간척지가 어우러진 화성 습지는 우리나라에서 가장 크고, 수많은 새가 오가는 기착지이자 서식지이다.

탐조 지점은 크게 매향리 갯벌, 방조제, 간척지로 나눌 수 있다. 매향리 갯벌과 방조제는 자유롭게 오가며 탐조할 수 있지만 간척지는 지자체와 환경 단체의 프로그램을 통해서만 들어갈 수 있다.

매향리 갯벌은 1951년부터 2005년까지 미 공군의 전투기 폭격 훈련장으로 쓰였다. 지금은 비행기 소음 대신 도요새의 날갯짓이 노을을 수놓는 곳이 되었다. 우리나라에서 도요·물떼새를 가장 많이 만날 수 있는 곳이니만큼 봄과 가을에 펼쳐지는 군무 또한 전국에서 가장 아름답다. 최근 조사에서는 도요·물떼새 33종 5만 5,000마리가 기록되었다.

만조가 되면 갯벌에 있던 새들은 밀려드는 바닷물을 피해 간척지로 간다. 그러면 새들을 따라 저류지로 이동하면 된다. 방조제에는 구분 번호가 있으며 14번 구역이 새를 관찰하기에 가장 좋다. 다만 여기에는 따로 주차할 공간이 없기에 최대한 안전하게 길옆에다 차를 세워야 한다. 이곳 저류지에서는 주로 저어새, 노랑부리백로, 청다리도요, 쇠청다리도요, 검은머리갈매기, 검은머리물떼새, 알락꼬리마도요 등 대부분 갯벌에 있던 새가 보이고 겨울에는 오리·기러기류 등도 볼 수 있다. 노랑부리백로를 한 장소에서 가장 많이 볼 수 있는 곳이기도 하다.

갯벌에 머물던 새는 대부분 화성호 안에서 쉰다. 이 모습을 보려면 호수가 시작되는 지점으로 가야 한다. 14번 구역에서 방조제 길을 따라 더 이동하면 간척지로 들어가는 통문이 있는 매향 2항 공터가 나온다. 이곳을 지나 호수 시작 지점에서 차를 세워 탐조한다. 대부분의 도요·물떼새, 저어새, 갈매기류, 혹부리오리, 황오리, 민물가마우지 등을 볼 수 있다.

지자체와 환경 단체의 프로그램을 통해서만 들어갈 수 있는 간척지에서는 모든 계절에 다양한 새를 관찰할 수 있다. 봄과 가을에는 주로 논에서 흑꼬리도요, 꺅도요, 알락도요, 목도리도요, 호사도요, 종달도요, 메추라기도요, 장다리물떼새 등을 볼 수 있다. 겨울에는 논과 습지에서 잿빛개구리매, 개구리매, 알락개구리매, 참매, 새매, 흰꼬리수리, 수리부엉이, 쇠부엉이를 비롯한 맹금류와 황새, 알락해오라기, 노랑부리저어새, 댕기물떼새, 오리·기러기류 등을 만날 수 있다.

큰뒷부리도요

호사도요

염생 식물과 개구리매

황새

잿빛개구리매(어린새)

큰말똥가리

핵심 탐조 지점

1 매향리 갯벌: 방조제 시작 남쪽 갯벌
도요·물떼새류, 검은머리갈매기, 저어새 등

2 저류지: 방조제 14번 구역 일대
도요·물떼새류, 검은머리갈매기, 저어새, 노랑부리백로, 오리·기러기류 등

3 담수 구역: 방조제에서 호수가 시작되는 구간
도요·물떼새류, 검은머리갈매기, 저어새, 민물가마우지 등

4 간척지: 통문을 지나 도로를 따라 이동
말똥가리류, 개구리매류, 황새, 기러기류, 흑꼬리도요, 알락도요, 꺅도요, 장다리물떼새 등

아래 QR 코드를 스캔하면 탐조 코스 지도 앱으로 연결됩니다.

네이버

카카오

추천 탐조 시기

1	2	3	4	5	6	7	8	9	10	11	12
	★		★★				★			★★	

주요 관찰 대상

겨울철(10~3월) 기러기류, 맹금류, 검은머리쑥새류 등

봄·가을 이동기(4~5월, 9~10월)
도요·물떼새류, 저어새, 노랑부리백로, 검은머리갈매기 등

찾아 가는 길

매향리 갯벌은 '우정읍 매향리 85-9' 일대이고, 저류지와 담수 구역은 매향리 쪽에서 궁평항 쪽으로 이동하면 된다. 여기서는 길옆에 주차를 해야 하는데 차량 통행이 많으므로 아주 조심해야 한다. 간척지는 화성시나 환경 단체의 탐조 프로그램을 통해서만 들어갈 수 있다. '우정읍 궁평항로 400' 일대 포구 맞은편 통문을 지나야 한다.

화성 습지

매향리 갯벌

화성 습지 물새들

▶ 국내 최대 맹금류 경유지

7 소청도

인천에서 북서쪽으로 약 223㎞ 떨어져 있으며 북한과 인접해 있다. 중국을 거쳐 여름 번식지로 이동하는 길목에 있어 철새에게는 휴게소 같은 곳이며, 맹금류에게는 상승 기류를 이용해 다시금 멀리 이동할 수 있도록 해 주는 주유소 같은 곳이다. 봄철 이동기에는 종류를 파악하기 어려울 정도로 수많은 새가 지나가고, 가을철에는 벌매, 왕새매와 같은 맹금류가 매우 많이 관찰된다. 이런 이유로 환경부 국립생물자원관은 소청도에 국가철새연구센터를 건립해 운영하고 있다. 소청도를 비롯해 탐조 장소로 섬이 적합한 이유는 이동 시기만 잘 맞춘다면 육지에서 보기 힘든 희귀한 새와 더불어 매우 다양한 새를 볼 수 있으며, 육지에 비해 면적이 좁아 아주 가까이에서 새를 관찰할 수 있기 때문이다. 소청도는 흰 분바위와 우리나라에서 두 번째로 불을 밝힌 소청도 등대로도 유명하다.

섬 면적이 2.91㎢로 크지는 않지만 길이가 동서로 9㎞여서 섬 전체를 무작정 돌아보기는 힘들다. 그러므로 먹이가 많거나 마실 물이 있는, 즉 새가 많이 모이는 장소를 미리 알아 두는 것이 좋다. 먼저 소청분교 주변을 추천한다. 초지와 산림이 만나고 주변에 밭이 있으며 물이 흘러 솔새류, 지빠귀류, 백로류를 만날 수 있다.
마을에서 산을 오르듯이 동쪽으로 이어진 길을 따라 이동하면 작은 골짜기와 연결된 넓은 밭이 나온다. 조금 더 걸어가면 군부대 입구 주변에 논농사를 짓던 초지와 작은 계곡이 있다. 물은 장거리를 오가는 새에게 가장 중요한 요소이므로 물 주변에서 기다리면 다양한 새를 가깝게 만날 수 있다. 노랑배솔새사촌(2005년 5월 19일) 등 우리나라에서 관찰 기록이 없는 미기록종이 20종 이상 관찰된 곳이다.
소청도의 진면목을 보고 싶다면 소청등대로 가야 한다. 구릉성 산림의 능선 길을 걷다 보면 바다인지 하늘인지 분간하기 힘든 풍경과 마주한다. 그 아름다움에 취하기도 전에 벌매, 왕새매 같은 맹금류가 하늘을 뒤덮는 모습을 볼 수 있다. 기록에 따르면 한 해에 8,497마리 벌매가 소청도를 지나간 적도 있다.
하늘을 지배하는 맹금류의 위용을 보고 싶다면 소청등대로 가는 길목에서 가장 높은 곳을 찾아가 보자. 맹금류는 소청도의 상승 기류를 타고 험난한 여정을 시작할 동력을 얻는다.
예전에는 등대 주변 초지에서 풀밭을 좋아하는 멧새류와 솔새류가 많이 보였지만, 최근에는 철탑 공사로 풀밭이 사라지면서 거의 보이지 않는다.

매

벌매 무리

노랑배솔새사촌

금눈쇠올빼미

알락개구리매

솔개

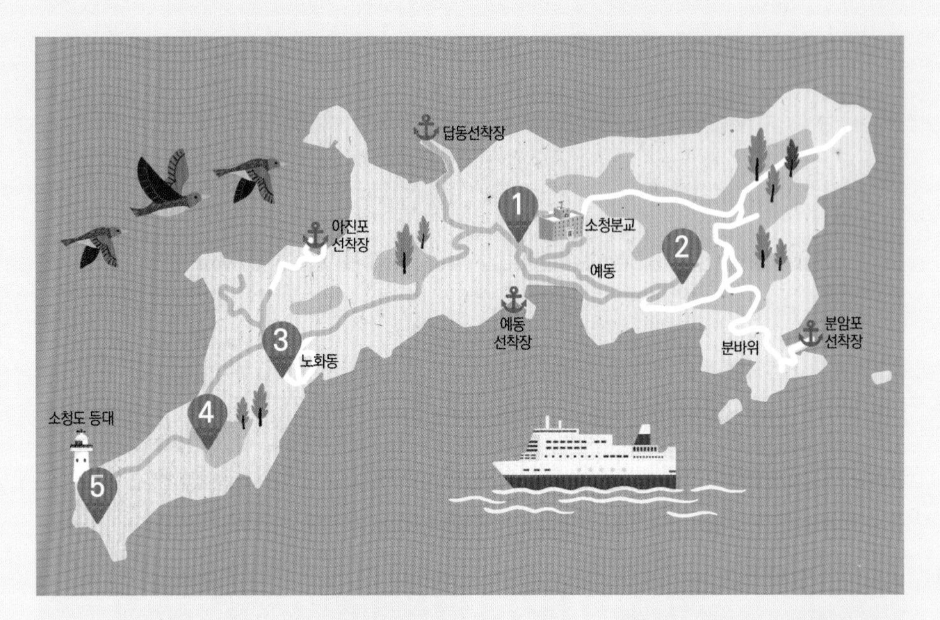

핵심 탐조 지점

1 소청분교 주변: 산림 가장자리, 초지, 밭 등
벌매, 이동성 맹금류, 지빠귀류, 멧새류, 되새류 등

2 군부대 주변: 아래 하천, 산림 가장자리, 밭 등
때까치류, 개개비류, 솔새류, 지빠귀류, 솔딱새류, 밭종다리류, 멧새류 등

3 노화동 주변: 산림 가장자리
솔새류, 지빠귀류, 맹금류(벌매, 왕새매 등)

4 철탑 주변: 최정상부 상공
맹금류(벌매, 왕새매 등)

5 등대 주변: 등대 안쪽, 아래쪽 초지 등
솔새류, 지빠귀류, 솔딱새류, 멧새류 등

아래 QR 코드를 스캔하면
탐조 코스 지도 앱으로 연결됩니다.

네이버

카카오

추천 탐조 시기

1	2	3	4	5	6	7	8	9	10	11	12
			★★					★★			

주요 관찰 대상

나그네새
산새류, 맹금류 등
통과 철새

찾아가는 길

인천항 연안여객터미널에서 여객선을 타고 들어간다. 여객선은 매일 2회 운항하나 주말에는 증편하는 경우가 있고 날씨 상황에 따라 운행 시간이 변경될 수 있으므로 반드시 여객선 예약 누리집 '가보고 싶은 섬(http://island.haewoon.co.kr)'에서 운항 정보를 확인하고 예약해야 한다. 인천항에서 3~4시간 걸린다. 소청도 선착장에서 마을로 가다 보면 길이 두 갈래로 나뉘며 주로 숙소가 있는 마을 쪽을 예동, 등대 쪽을 노화동이라 부른다.

소청도 등대

소청도 선착장 입구

국가철새연구센터

©국립생물자원관

예동마을 전경

경기권 추천 탐조지

인천광역시		
8 백령도 (옹진군)	추천 시기 및 관찰 대상	겨울: 갈매기류, 백로류, 오리·기러기류 등 봄·가을: 맹금류, 도요·물떼새류, 산새류 연중: 텃새
	추천 장소	백령호 주변 농경지를 중심으로 주변 산림과 해안 등
	찾아가기	인천항 연안여객터미널
	이동 수단	현지 차량
	탐조 안내	섬 면적이 넓어 도보로는 이동이 어렵다. 숙소(민박, 펜션)에서 차량을 빌릴 수 있는지 문의해 보기를 추천한다. 봄과 가을 이동 시기뿐만 아니라 겨울철에도 다양한 새를 만날 수 있다. 우리나라 유인도 최초로 노랑부리백로와 저어새가 번식한 곳이다.
9 대연평도 (옹진군)	추천 시기 및 관찰 대상	겨울: 갈매기류, 백로류, 오리·기러기류 등 봄·가을: 맹금류, 도요·물떼새류, 산새류 연중: 텃새
	추천 장소	연평리 762 일대 습지, 연평리 49-1 일대 농경지
	찾아가기	인천항 연안여객터미널
	이동 수단	도보, 대중교통(버스), 현지 차량
	탐조 안내	섬 전체를 둘러볼 계획이 아니라면 도보 탐조도 가능하지만 섬이 커서 지점을 정해 대중교통이나 현지 차량을 이용해 움직이는 것을 추천한다. 차량 대여는 숙소(민박, 펜션)에서 문의해 볼 수 있다. 중간기착지로 봄과 가을에 이동하는 다양한 새를 볼 수 있다. 서해의 먼 섬에서 관찰되는 새를 대부분 만날 수 있다. 부속 섬인 구지도는 괭이갈매기와 저어새의 번식지로 유명하다.
10 덕적군도 (옹진군)	추천 시기 및 관찰 대상	봄·가을: 맹금류, 산새류 등
	추천 장소	굴업도, 문갑도, 백아도 전체
	찾아가기	인천항 연안여객터미널
	이동 수단	도보
	탐조 안내	봄철 이동기에 매우 다양한 새를 만날 수 있다. 수도권에서 가까운 만큼 주말과 휴일에는 배편을 예약하지 않으면 들어가기 힘들다. 굴업도, 문갑도, 백아도 모두 덕적도에서 배를 갈아타고 들어간다. 하루에 모든 섬을 둘러볼 수 없으니 섬마다 최소 1박을 하는 일정으로 잡아야 한다.

11 교동도 (강화군)	추천 시기 및 관찰 대상	겨울: 오리·기러기류, 백로류, 대형 맹금류, 새매류, 산새류 등 연중: 텃새
	추천 장소	난정저수지와 주변 농경지 일대
	찾아가기	난정저수지
	이동 수단	개인 차량
	탐조 안내	오리·기러기류가 큰 무리를 이뤄 겨울을 지내는 곳이다. 그래서 이들을 먹이로 삼는 흰꼬리수리, 흰죽지수리, 검독수리 등 대형 맹금류도 찾아온다. 최근에는 우리나라에서 자취를 감춘 뿔종다리가 관찰되기도 했다.

12 영종도 (중구)	추천 시기 및 관찰 대상	겨울: 오리·기러기류, 저어새류, 백로류, 도요·물떼새류, 갈매기류 봄·가을: 도요·물떼새류 등 봄·여름: 검은머리물떼새, 검은머리갈매기, 저어새류 등
	추천 장소	인천환경공단 영종지소 주변 습지와 갯벌, 송산유수지와 주변 갯벌
	찾아가기	인천환경공단 영종지소
	이동 수단	개인 차량
	탐조 안내	봄·가을 이동 시기에 물때가 맞으면 갯벌에서 다양한 도요·물떼새류를 만날 수 있다. 만조 때에 주변 습지를 둘러보면 된다. 인근에서 번식하는 검은머리물떼새, 검은머리갈매기, 저어새 등 멸종 위기종이 먹이를 찾는 모습도 종종 볼 수 있다.

서울특별시

13 강서습지 생태공원 (강서구)	추천 시기 및 관찰 대상	겨울: 기러기류, 잠수성 오리류, 수리류, 올빼미류, 산새류 등
	추천 장소	공원 전역
	찾아가기	강서습지공원 주차장
	이동 수단	도보
	탐조 안내	공원 주변 한강변에서는 오리·기러기류, 공원 안에서는 다양한 산새류를 만날 수 있다. 털발말똥가리나 칡부엉이, 금눈쇠올빼미 같은 맹금류도 간혹 보이며, 2013년 1월에는 이곳에서 검은어깨매가 국내 최초로 관찰·기록되었다.

14 여의도샛강 생태공원 (영등포구)	추천 시기 및 관찰 대상	연중: 오리류, 산새류 등
	추천 장소	공원 전역
	찾아가기	여의도샛강생태공원 주차장
	이동 수단	도보
	탐조 안내	수도권에서 여름 철새를 만나기 좋은 곳 중 하나다. 아주 다양한 새를 볼 수는 없지만 산책하며 주변에 사는 새를 관찰하기에 좋은 곳이다.

15 밤섬 (영등포구)	추천 시기 및 관찰 대상	겨울: 논병아리, 오리·기러기류, 민물가마우지 등
	추천 장소	섬 전역
	찾아가기	밤섬 철새조망대
	이동 수단	도보
	탐조 안내	면적은 좁지만 습지와 나무가 있어 한강을 찾아온 겨울 철새를 품어 주기에 알맞은 곳이다. 한강시민공원 여의도지구에서는 매년 12월부터 이듬해 2월 말까지 밤섬 철새조망대를 운영한다. 철새 안내 도우미가 있어 설명도 들을 수 있다.
16 창경궁 (종로구)	추천 시기 및 관찰 대상	봄·여름: 산새류, 텃새
	추천 장소	궁궐 숲
	찾아가기	창경궁
	이동 수단	도보
	탐조 안내	궁에 있는 연못(춘당지)에는 원앙도 번식한다. 숲이 잘 보전되어 있어 새소리를 들으며 산책하기에도 좋다.
17 서울숲 (성동구)	추천 시기 및 관찰 대상	봄·가을(이동기): 솔새류(노랑눈썹솔새, 쇠솔새 등), 지빠귀류, 딱새류 등 겨울: 밀화부리, 콩새, 노랑지빠귀, 나무발발이, 흰머리오목눈이, 쇠동고비, 노랑진박새 등
	추천 장소	공원 전역
	찾아가기	서울숲 주차장
	이동 수단	도보
	탐조 안내	매우 넓은 도심 공원으로 전체가 숲처럼 조성되어 있어 연중 다양한 새를 관찰할 수 있다. 주로 물이 있고 큰 나무가 많은 커뮤니티센터와 작은 나무가 많은 산책로 주변을 추천한다.
18 중랑천 (성동구)	추천 시기 및 관찰 대상	겨울: 논병아리, 오리류 등
	추천 장소	살곶이다리 주변 중랑천과 청계천 합류부
	찾아가기	살곶이다리
	이동 수단	개인 차량, 지하철(한양대역)
	탐조 안내	성수동 방향 탐방 데크를 따라 한강 합류부까지 이동하면서 탐조하는 것이 좋다. 겨울철에는 오리류를 비교적 가까이에서 볼 수 있다. 큰검은머리갈매기, 적갈색흰죽지 등 보기 힘든 새도 간혹 관찰된다.
19 올림픽공원 (송파구)	추천 시기 및 관찰 대상	연중: 산새류(지빠귀류, 딱새류, 딱다구리류 등)
	추천 장소	공원 전역
	찾아가기	평화의광장 또는 88호수 주변
	이동 수단	도보
	탐조 안내	연중 다양한 산새류를 만날 수 있으며 대륙검은지빠귀도 종종 나타난다. 2014년 2월에는 이곳에서 회색머리지빠귀가 국내 최초로 관찰되기도 했다. 2022년 2월에는 쇠흰턱딱새도 나타났다.

경기도		
20 김포시 하성면 일대	추천 시기 및 관찰 대상	겨울: 기러기류(큰기러기, 쇠기러기, 흰이마기러기 등), 재두루미, 맹금류(흰꼬리수리, 독수리, 잿빛개구리매, 말똥가리, 참매 등) 등 봄·여름: 산새류(파랑새, 흰눈썹황금새, 산솔새, 물레새, 소쩍새) 등
	추천 장소	하성면 후평리, 석탄리, 가금리 일대 농경지 및 산림 가장자리
	찾아가기	석탄리 철새조망지(하성면 석평로224번길 149-31)
	이동 수단	개인 차량
	탐조 안내	하성면 후평리 일대 농경지에서는 재두루미도 관찰할 수 있다. 여름철에는 다양한 여름 철새와 번식 조류도 만날 수 있다. 다만, 이 주변은 군사 지역으로 이동할 때는 통제되는 구간이 있으니 미리 확인해야 한다.
21 팔당대교 (하남시, 남양주시)	추천 시기 및 관찰 대상	겨울: 큰고니, 호사비오리, 비오리, 흰뺨검둥오리, 청둥오리, 흰꼬리수리, 참수리 등
	추천 장소	당정뜰, 산곡천 및 팔당대교 상·하류
	찾아가기	산곡천 하류
	이동 수단	개인 차량, 자전거
	탐조 안내	차량으로 이동할 때는 산곡천 하류 이면 도로에서 주차할 곳을 찾아야 한다. 팔당대교 상류 지역 자갈밭과 모래섬이 노출되는 곳에는 큰고니를 비롯한 오리류 등이 온다. 한겨울에는 흰꼬리수리와 참수리가 주기적으로 월동해 운이 좋으면 머리 위로 비행하는 모습도 볼 수 있다. 하남시 한강변에 조성된 산책로를 걸으면 흰뺨검둥오리, 쇠오리, 흰죽지, 흰뺨오리 등을 만날 수 있고 최근에는 풀밭종다리, 옅은밭종다리 등 귀한 새도 관찰되었다.
22 양수리 (남양주시, 양평군)	추천 시기 및 관찰 대상	겨울: 오리·기러기류(큰고니 등), 산새류 등
	추천 장소	양수대교를 기준으로 북한강 상류 양쪽
	찾아가기	남양주 물의정원, 수풀로 양수리 공원
	이동 수단	도보
	탐조 안내	주변을 산책하듯 걷다 보면 큰고니를 비롯한 오리류를 만날 수 있으며, 물가 주변에서는 여러 산새류를 볼 수 있다. 2023년 3월에는 쉽게 만나기 어려운 붉은가슴흰죽지가 관찰되었다.
23 경안천 습지 생태공원 (광주시)	추천 시기 및 관찰 대상	겨울: 큰고니, 오리·기러기류 등 여름: 번식 조류(물닭, 쇠물닭, 개개비, 뿔논병아리) 등
	추천 장소	공원 전역
	찾아가기	경안천습지생태공원
	이동 수단	도보
	탐조 안내	공원 주변에 물속 식물이 많아 여름에는 다양한 물새류가 번식하고, 겨울에는 큰고니를 비롯해 오리·기러기류가 월동한다. 경안천 상류 구간에는 크고 작은 습지가 있어 계절에 따라 다양한 새가 찾아오니 상류로 이동하면서 탐조하는 것도 좋다.

24 남한산성 (광주시)	추천 시기 및 관찰 대상	봄·여름: 산새류(들꿩, 뻐꾸기류, 딱다구리류, 박새류, 멧새류 등)
	추천 장소	산성 둘레길
	찾아가기	남한산성도립공원 남문 주차장
	이동 수단	도보
	탐조 안내	수도권에서 보기 힘든 여름 철새를 만날 수 있는 곳이다. 등산로 주변에서는 매사촌을 비롯해 뻐꾸기, 검은등뻐꾸기, 벙어리뻐꾸기 등을, 주변 계곡에서는 큰유리새, 흰눈썹황금새, 산솔새 등을 볼 수 있다. 들꿩도 이따금 보인다. 최근에는 열대성 조류인 팔색조도 나타났다.
25 이포보~ 여주보 (여주시)	추천 시기 및 관찰 대상	겨울: 오리(청둥오리, 흰뺨검둥오리, 비오리, 알락오리 등)·기러기류, 맹금류, 산새류(쑥새, 되새, 밀화부리 등) 여름: 물떼새류(꼬마물떼새, 흰목물떼새 등), 쇠제비갈매기 등
	추천 장소	이포보~여주보 구간, 백석리섬 주변과 복하천 합류부
	찾아가기	백석리섬 주변 또는 이포보 주차장
	이동 수단	개인 차량
	탐조 안내	한곳에 머물기보다는 이포보를 기준으로 남한강 상류로 이동하면서 탐조하는 것이 좋다. 운이 좋으면 호사비오리, 흰꼬리수리, 큰고니, 재두루미 등도 만날 수 있다.
26 관곡지 (시흥시)	추천 시기 및 관찰 대상	겨울: 저어새류, 백로류, 산새류 등 봄: 저어새류, 백로류, 도요·물떼새류, 산새류 등
	추천 장소	관곡지와 연꽃테마파크 주변 습지
	찾아가기	관곡지
	이동 수단	도보
	탐조 안내	면적이 좁아서 짧은 시간에 전체를 둘러볼 수 있다. 시흥 갯골과 그리 멀지 않아 함께 둘러보는 것도 좋다. 관곡지와 연꽃테마파크 주변은 연중 여러 종류 산새류를 간간이 볼 수 있고, 개체수는 적지만 다양한 도요·물떼새류도 가까이에서 만날 수 있다. 특히 멸종 위기종인 저어새를 아주 가까이에서 볼 수 있다. 그런 만큼 서식에 방해되지 않도록 조심해서 관찰해야 한다.
27 안산갈대 습지공원 (안산시)	추천 시기 및 관찰 대상	겨울: 오리·기러기류, 산새류 등
	추천 장소	공원 전역
	찾아가기	안산갈대습지공원 환경생태관
	이동 수단	도보
	탐조 안내	갈대숲이 잘 조성되어 있어 검은머리쑥새류, 스윈호오목눈이 같은 작은 산새류도 만날 수 있다. 겨울에는 흰눈썹뜸부기, 칡부엉이, 알락해오라기 등도 찾아온다. 공원에서는 탐조나 생태 교육 프로그램도 운영한다.

<table>
<tr><td rowspan="5">28
왕송호수
(의왕시)</td><td>추천 시기 및 관찰 대상</td><td>겨울: 오리·기러기류</td></tr>
<tr><td>추천 장소</td><td>왕송호수와 둘레길 등</td></tr>
<tr><td>찾아가기</td><td>조류생태과학관</td></tr>
<tr><td>이동 수단</td><td>도보</td></tr>
<tr><td>탐조 안내</td><td>수도권 최대 생태 습지라 불리며 주변에 농경지도 있어 오리·기러기류, 논병아리류, 민물가마우지, 저어새, 백로류, 왜가리 등을 비롯해 물닭, 뿔논병아리, 덤불해오라기 등 번식하는 조류까지 합하면 연중 100여 종을 관찰할 수 있다.
호수 주변에 조류생태과학관이 있어 탐조 프로그램도 이용할 수 있다.</td></tr>
<tr><td rowspan="5">29
일월저수지
(수원시)</td><td>추천 시기 및 관찰 대상</td><td>겨울: 논병아리류, 오리·기러기류, 백로류, 물닭 등
봄·여름: 왜가리, 뿔논병아리, 논병아리, 물닭 등</td></tr>
<tr><td>추천 장소</td><td>저수지 전역</td></tr>
<tr><td>찾아가기</td><td>일월공원 주차장</td></tr>
<tr><td>이동 수단</td><td>도보</td></tr>
<tr><td>탐조 안내</td><td>서호공원과 가까이 있어 두 곳을 함께 탐조하면 좋다. 이곳에서 번식하는 왜가리, 뿔논병아리, 논병아리, 물닭 등은 사람을 그다지 무서워하지 않아 아주 가까이에서 관찰할 수 있다. 특히 이른 봄에는 뿔논병아리의 구애 춤도 볼 수 있다.</td></tr>
<tr><td rowspan="5">30
축만제
(수원시)</td><td>추천 시기 및 관찰 대상</td><td>겨울: 오리·기러기류, 백로류, 산새류 등</td></tr>
<tr><td>추천 장소</td><td>축만제, 서호공원, 여기산</td></tr>
<tr><td>찾아가기</td><td>서호공원, 디에스 컨벤션웨딩홀 주차장(유료)</td></tr>
<tr><td>이동 수단</td><td>도보</td></tr>
<tr><td>탐조 안내</td><td>서호저수지로 불리기도 한다. 저수지 한가운데에 있는 섬에는 민물가마우지 수천 마리가 번식하고 인접한 여기산에는 백로류가 번식한다. 겨울에는 민물가마우지의 빈자리를 큰기러기를 비롯한 오리류가 채우고 주변 서호공원에서는 되새, 밀화부리, 오색딱다구리, 상모솔새 등 겨울철 산새류도 어렵지 않게 만날 수 있다.</td></tr>
</table>

32
고성
31
33
설악산
국립공원
속초
철원
37
화천
양구
인제
40
양양
춘천
가평
35
36
34
강원도
41
오대산
국립공원
강릉
홍천
43
동해
횡성
삼척
원주
평창
정선
38
39
치악산
국립공원
42
영월
제천
태백산
국립공원

● 핵심 탐조지
● 추천 탐조지

강원권

▶ 분단의 아픔마저 잊게 하는 두루미의 낙원

31 철원 평야

화산 활동으로 임진강과 한탄강의 지류 하천 유역을 따라 형성된 구릉 지대로, 한탄강 주변 협곡과 농경지는 새들이 겨울을 나기에 매우 좋은 환경이다. 백마고지, 학저수지, 삽슬봉(아이스크림 고지), 한탄강, 냉정저수지, 민통선한우촌 주변을 추천한다. 전체를 둘러보기 어렵다면 탐조 코스를 미리 정해 두고 한 방향으로 이동하면 효율적이다. 단, 군사 시설이 많고 민간인 통제구역도 있는 만큼 이동과 사진 촬영에 신경을 써야 한다. 처음 이곳을 찾는다면 DMZ 두루미 평화타운에서 운영하는 철새관광 코스를 예약해 탐조하는 것을 가장 추천한다. 두루미로 유명한 만큼 옛 양지초등학교 부지에 철원 DMZ 두루미 생태관광협의체, 국제두루미센터, DMZ 두루미평화타운 등 두루미 관련 시설이 많다.

철원평야는 우리나라에서 두루미(멸종위기 야생생물 Ⅰ급, 천연기념물), 재두루미(멸종위기 야생생물 Ⅱ급, 천연기념물), 독수리(멸종위기 야생생물 Ⅱ급, 천연기념물)가 가장 많이 겨울을 나는 신비롭고 중요한 지역이다. 이곳에서는 두루미류의 귀한 먹이인 낙곡이 한 해에 1,000톤 정도 생긴다.

독수리

민통선 안에 있는 저수지와 한탄강은 사람이 접근하기가 어려워 새들에게 좋은 잠자리가 되어 준다. 다만, 한탄강은 생명으로서 새를 만나려고 오는 사람보다 피사체로서 새를 찍으려고 방문하는 사람이 더 많아 아쉽다. 촬영을 하더라도 새를 배려하는 태도를 갖춰야 한다.

백마고지 전적지, 소이산 전망대, 구 노동당사 등 백마고지 일대 농경지에서는 두루미류와 맹금류를 관찰할 수 있다. 특히 백마고지 전적지 주변에는 겨울을 보내는 작은 산새류가 많이 보인다.

양지리에서 군 초소를 지나면 너른 농경지가 눈에 들어온다. 이곳은 전체가 핵심 탐조 지점이다. 주로 삽슬봉(아이스크림 고지)에서 재두루미, 두루미가 많이 보인다. 이동하는 중간중간 잿빛개구리매, 말똥가리, 쇠황조롱이, 물때까치, 멧새류 등이 나타나 탐조의 고단함을 달래 준다.

43번 국도를 타고 고석정으로 향하다가 갈말농공단지를 지나 갈말읍 군탄리에 위치한 민통선한우촌 식당 주변에 이르면 독수리와 흰꼬리수리, 간혹 참수리까지 매우 가까이에서 볼 수 있다. 이곳은 새들이 따스하게 겨울을 날 수 있도록 배려하는 사람들이 있고, 독수리를 가까이에서 볼 수 있는 매력적인 곳이다. 최근에는 냉정저수지 주변 농경지를 찾는 재두루미가 많아지고 있다.

두루미

검은목두루미

시베리아흰두루미(왼쪽)와 재두루미(오른쪽)

캐나다두루미(아래)와 재두루미

독수리

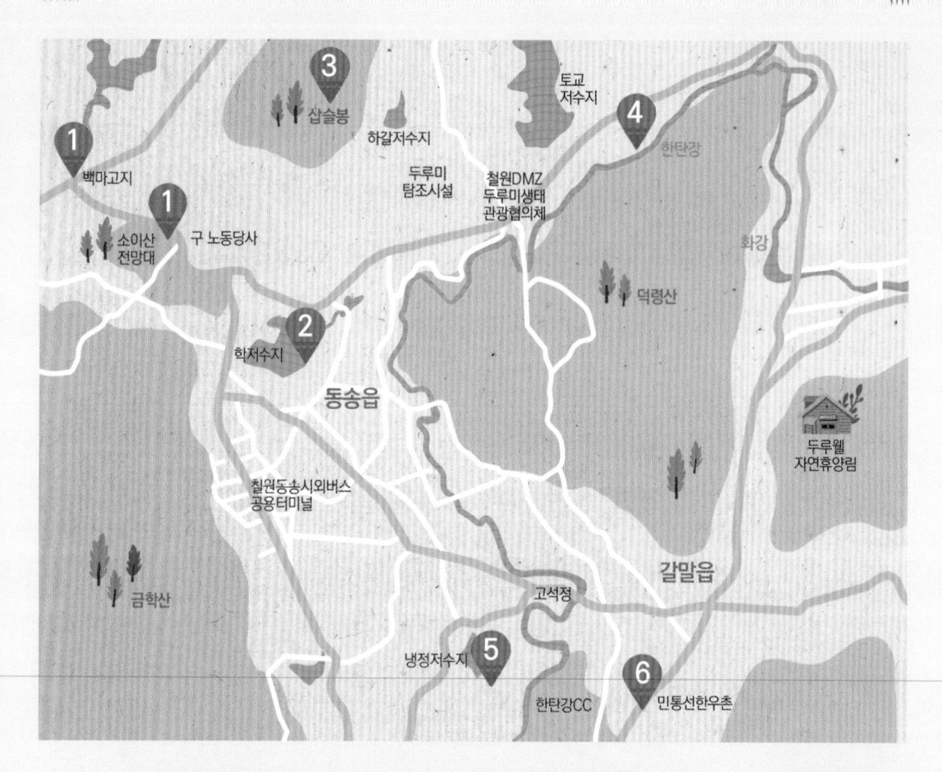

핵심 탐조 지점

1 백마고지 일대: 백마고지 전적지, 소이산 전망대, 구 노동당사 등
두루미류(두루미, 재두루미, 흑두루미, 검은목두루미, 캐나다두루미 등), 맹금류(말똥가리, 참매, 잿빛개구리매, 쇠황조롱이 등), 멧새류 등

2 학저수지: 저수지 내부와 주변 습지
오리·기러기류(큰고니, 큰기러기, 쇠기러기 등)

3 삽슬봉 주변: 동송저수지 아래 삽슬봉 주변 농경지
두루미류(재두루미 등), 맹금류(독수리 등)

4 한탄강: 토교저수지 동남쪽 근처 한탄강 일대
두루미, 재두루미 등

5 냉정저수지: 저수지 및 주변 농경지
오리·기러기류, 두루미류(재두루미 등)

6 민통선한우촌: 식당 주차장 앞 농경지
독수리, 흰꼬리수리, 참수리, 큰부리까마귀 등

아래 QR 코드를 스캔하면 탐조 코스 지도 앱으로 연결됩니다.

네이버

카카오

추천 탐조 시기

1	2	3	4	5	6	7	8	9	10	11	12
★★		★								★★	

주요 관찰 대상

겨울 철새

두루미, 재두루미, 독수리, 기러기류, 맹금류 등

찾아가는 길

군사 시설이 많고 위치 파악이 어려워 자칫 길을 찾다가 서식하는 두루미류를 방해할 수 있기에 이곳을 처음 방문한다면 꼭 DMZ 두루미평화타운(www.cwg.go.kr/dmzmpt)에서 두루미 탐조 프로그램을 예약해 가기를 바란다. 더욱 안전하고 편리하게 탐조할 수 있다.

철원 평야 전경

백마고지 전적지

삽슬봉(아이스크림 고지)

민통선한우촌

한탄강

©유승화

▶ 통일의 염원을 품은 바닷새의 고향

32 고성 해안

북쪽으로는 통일전망대에서부터 남쪽으로는 영랑호에 이르는 우리나라 동쪽의 최북단 해안 지역이다. 고성군에는 화진포호, 송지호, 천진호, 광포호 등 바다의 신비가 담긴 석호가 있으며, 7번 국도를 따라서는 약 46㎞ 백사장이 발달한 해안이 펼쳐진다. 바닷새가 먹이 활동을 하며 쉬기에 안성맞춤인 곳이라 우리나라에서 가장 다양한 바다오리류와 슴새류를 만날 수 있다.

바다오리류와 슴새류는 대부분 먼 바다에서 생활하기 때문에 연안에서는 좀처럼 만나기 힘들다. 그러나 파도가 높은 날이면 고단한 날개를 쉬려고 항구로 들어오는 녀석들이 있다. 사람이 많고 큰 배가 들어오는 항구보다는 조용하고 갯바위가 있는 항구를 선호해 주로 대진항, 가진항, 공현진항, 아야진항에서 보인다.

바다오리류와 슴새류를 더욱 가까이서 만나고 싶다면 바다오리류는 겨울에, 슴새류는 6월 초에 낚싯배를 빌려 먼 바다로 나가 보자. 낚싯배는 대진항과 아야진항에서 쉽게 빌려 탈 수 있다. 검푸른 바다 위에서 녀석들의 힘찬 날갯짓을 감상할 수 있다. 대진항은 겨울철 쇠가마우지를 가장 가까이에서 만날 수 있는 곳이기도 하다.

바다와 바람의 하모니로 만들어진 석호는 우리나라에서는 유일하게 강원도에서 볼 수 있다. 바다와 격리된 호수이지만 지하에서 바닷물이 섞여 드는 일이 많아 연중 염분이 있는 기수호다. 기수호에는 다양한 플랑크톤이 번식하므로 플랑크톤을 먹이로 삼는 물고기가 모여드니 새도 물고기를 찾아 모여든다.

우리나라에서 가장 큰 석호인 화진포호와 송지호는 겨울에도 잘 얼지 않아 오리류, 갈매기류가 많이 찾는다. 그래서 자연스레 맹금류도 찾아든다. 화진포는 다양한 오리류가 겨울을 지내는 곳으로 흑기러기도 간혹 보이며, 우리나라에서 혹고니가 가장 많이 관찰된 곳이기도 하다. 계절에 따라서는 하늘의 제왕 흰꼬리수리, 말똥가리, 물수리 같은 맹금류도 만날 수 있고 운이 좋으면 참수리도 볼 수 있다.

바다오리

큰부리바다오리

세가락갈매기

흰부리아비

쇠가마우지

참수리

명파리 주변 농경지와 마차진 해안에서는 멋쟁이새, 긴꼬리홍양진이, 검둥오리, 검둥오리사촌 등과 독수리, 흰꼬리수리, 참수리, 말똥가리 같은 맹금류를 만날 수 있다. 2012년 겨울에는 수염수리가 97년 만에 우리나라를 찾아왔다.

고성군청 부근 봉호리, 동호리에는 서쪽에서 바다로 유입되는 하천인 동천과 서천이 흐르고 주변에는 넓은 농경지가 펼쳐진다. 계절에 따라 하천에서는 꼬마물떼새, 개개비, 검은댕기해오라기, 오리류, 고니류, 흰꼬리수리, 갈매기류 등이, 하구에서는 다양한 갈매기류와 오리류가 보인다. 얼마 전에는 우리나라 최북단에서는 거의 최초로 물꿩이 관찰되기도 했다. 봉호리, 동호리 일대 농경지에는 도요류, 백로류, 할미새류, 기러기류 등이 먹이를 찾아 날아든다.

갈매기류는 백사장과 하천 하구에서 많이 보인다. 특히 아야진항과 청간정까지 이르는 해안에서는 흰갈매기를 비롯해 다양한 갈매기와 흑기러기, 흰줄박이오리, 홍머리오리, 세가락도요 등도 만날 수 있다.

아야진 포구와 등대 주변에서는 쉬는 갈매기나 검은목논병아리, 흰죽지 등 잠수성 오리류를 만날 수 있다. 아야진 포구는 과거 세가락갈매기를 가장 많이 만날 수 있던 항구였지만, 최근에는 거의 보이지 않아 아쉬움이 남는다.

수염수리

흰꼬리수리

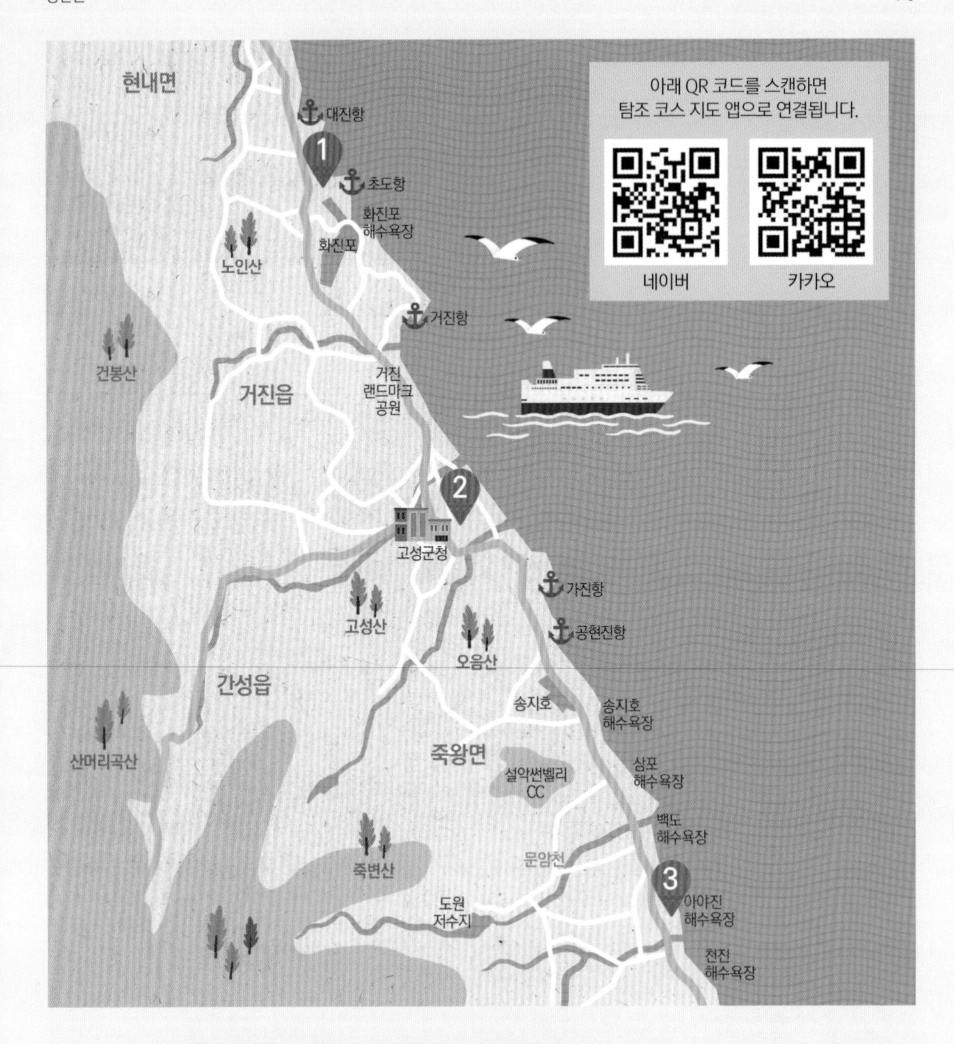

핵심 탐조 지점

1 대진항, 화진포, 금강산 콘도 주변: 해안과 주변 농경지

맹금류(흰꼬리수리, 독수리 등), 오리류(큰고니, 검둥오리), 쇠가마우지, 바다오리류, 슴새류 등

2 북천, 남천, 동호리 경작지 일대: 하천 주변과 하구와 논 주변

오리류, 맹금류, 백로류, 도요·물떼새류 등

3 아야진항 주변: 항구와 방파제, 청간정 주변 해안

검은목논병아리, 흰줄박이오리, 흑기러기, 가마우지류, 갈매기류, 세가락도요 등

추천 탐조 시기

1	2	3	4	5	6	7	8	9	10	11	12
★★										★★	

주요 관찰 대상	
겨울철(10~3월)	갈매기류, 바다오리류, 오리류, 맹금류 등
초여름(5월 말~6월 초)	숍새류, 도요·물떼새류 등

찾아 가는 길

화진포와 이 책에서 소개한 탐조 지점을 제외하면, 특정 지점을 찾아가기보다는 7번 국도를 따라 이동하면서 항구나 소하천이 바다와 만나는 곳에서 새를 보는 것이 좋다.

대진항

화진포

가진항 주변 해안

봉포항 갯바위

아야진항

▶ 산과 바다, 사람과 새가 하나 되는 곳

33 속초해안

강원도 속초시에서 양양군에 이르는 해안으로 백두대간 설악산 정기가 동해안 푸른 파도와 만나는 곳이다. 항구 주변에 갯바위가 있고 수심이 낮아 바닷새를 포근하게 안아 준다. 속초시에는 석호인 영랑호와 청초호가 있으며, 청초호는 속초항으로 개발되었다. 속초항 동남쪽에는 실향민 마을인 아바이마을이 있다. 양양군 남대천과 청초천은 동해안으로 합류하면서 새의 다양한 먹이를 바다로 실어 준다. 남대천은 바다를 거슬러 연어가 돌아오는 고향이기도 하다. 또한 양양군의 석호인 매호, 쌍호는 철새들의 안정적인 휴식지와 번식지가 되어 준다. 매호 인근에는 천연기념물로 지정된 백로와 왜가리 번식지가 있다.

속초 영랑호는 수심이 낮지만 바닷물이 들어와 겨울에도 얼지 않는 곳이 많아 오리류, 논병아리류 등 물새가 겨울을 나기에 좋다. 2013년 1월에는 우리나라에서 처음으로 꼬마오리라는 잠수성 오리가 관찰되기도 했다. 그러나 최근에 영랑호 윗길이 만들어지면서 새들에게는 불안한 호수가 되고 있다.

청초호는 청초천 하류 주변과 시민 식수공원에서 다양한 오리류, 도요·물떼새류, 갈매기류를 볼 수 있다. 특히 호수 남쪽 산책로를 따라 걷다 보면 흰죽지, 댕기흰죽지, 뿔논병아리, 청둥오리 같은 오리류를 아주 가까이에서 볼 수 있다. 속초 지역에서는 유일하게 뒷부리장다리물떼새, 저어새, 물수리 같은 귀한 새가 잠시 쉬어 가는 곳이다. 2020년 2월에는 우리나라에서 관찰된 적이 거의 없는 큰제비갈매기가 나타나기도 했다.

청초천 하류에 있는 엑스포공원에 주차하고 탐방로를 따라 이동하다 보면 뿔논병아리, 흰죽지, 댕기흰죽지 같은 잠수성 오리류가 사람을 두려워하지도 않고 가까이에서 먹이 활동하는 모습을 볼 수 있다. 청초호 남단을 따라 아바이마을 쪽으로 이동하면 항구와 해안에서 논병아리류, 가마우지류, 바다오리류, 갈매기류, 아비류 등을 볼 수 있다.

양양 남대천은 양양 읍내를 가로지르는 하천으로 폭이 넓고 주변에 자생 식물이 많아 새에게는 먹이를 찾거나 휴식하기에 좋은 환경이다. 남대천 북쪽 수변 도로를 따라 하류로 이동해 낙산대교를 건너고 오산리 동명천 하류까지 간 다음 동명천을 끼고 상류로 이동하는 코스가 좋다. 하천과 해안에서는 갈매기류, 맹금류 등을, 농경지와 산림 구간에서는 때까치류, 멧새류 등 작은 산새를 만날 수 있다.

38선 휴게소 주변의 기사문항과 남애항 주변에는 소규모 하천이 바다로 흘러들어 몸에 묻은 짠 바닷물을 씻어 내려고 모여드는 갈매기를 볼 수 있고 운이 좋으면 흰갈매기, 수리갈매기를 아주 가까이에서 만날 수 있다. 두 곳 모두 7번 국도를 따라 이동하다가 이정표를 보고 해안으로 들어가 백사장이 보이는 곳에서 새를 관찰하면 된다.

흰죽지

속초와 양양 구간의 7번 국도변에서 작은 하천이 바다와 만나는 곳이나 물치항, 후진항, 낙산항, 수산항, 동산항 등과 같은 작은 항구에서는 검은목논병아리, 뿔논병아리, 바다비오리를 비롯해 큰 파도를 피해 들어오는 검둥오리사촌, 아비류 등도 간혹 보인다.

큰제비갈매기

세가락도요

흰뺨오리

꼬마오리

민물가마우지

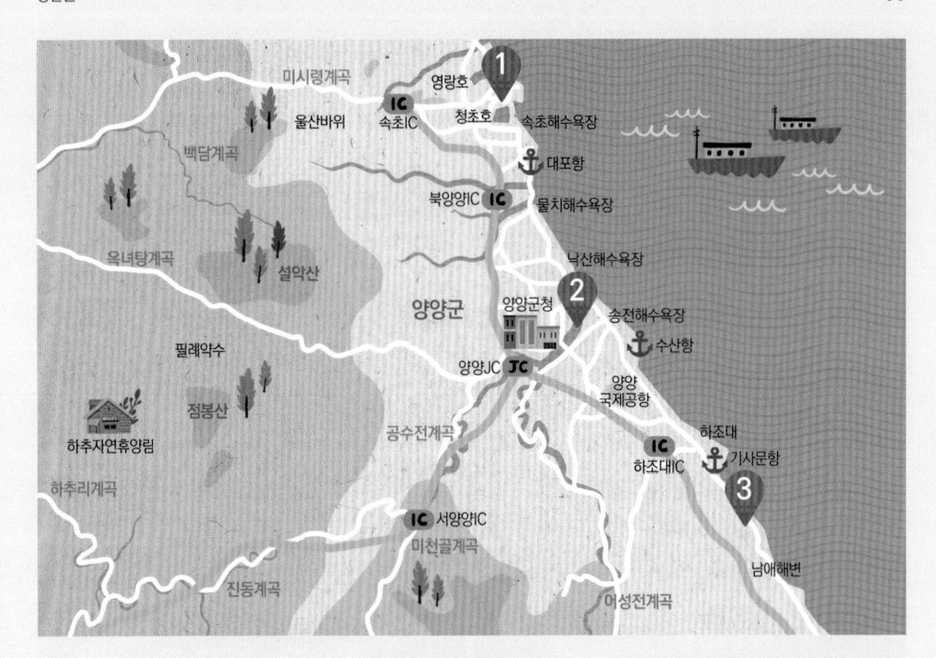

핵심 탐조 지점

1 영랑호와 청초호: 바다와 만나는 곳, 청초호 남쪽과 해안
잠수성 오리류, 가마우지류, 아비류, 바다오리류, 갈매기류 등

2 남대천: 양양교~남대천 하구
오리류, 도요·물떼새류, 흰꼬리수리, 독수리, 갈매기류 등

3 기사문항과 남애항: 해수욕장과 해안, 항구 내부
갈매기류, 세가락도요, 바다오리류 등

아래 QR 코드를 스캔하면
탐조 코스 지도 앱으로 연결됩니다.

네이버

카카오

추천 탐조 시기

1	2	3	4	5	6	7	8	9	10	11	12
★★		★		★				★		★★	

주요 관찰 대상

겨울철(10~3월) 갈매기류, 바다오리류, 오리류, 맹금류 등
봄·가을 이동기(5월, 9월) 도요·물떼새류, 솜새류 등

찾아가는 길

영랑호는 '속초시 장사동 453-3'의 주차장을 이용하면 좋다. 청초호는 호수 주변 주차장에 주차하고 '속초시 조양동 1543-5'의 탐조대와 산책로 주변을 찾아가자. 양양 남대천은 고수부지 주차장에 주차한 뒤에 탐조하거나 하천 도로를 따라 남대천 하구까지 이동하는 것을 추천한다. 속초와 양양 역시 7번 국도를 따라가거나 해안 도로를 따라 이동하면서 항구나 소하천이 바다와 만나는 곳을 중점적으로 관찰한다.

영랑호

38선 휴게소 해안

물치항

▶ 새들의 신비로운 날갯짓으로 가득한 바다

34 강릉 해안

강릉 남대천, 경포호, 주문진해수욕장 등 하천, 하구, 석호, 바다가 어우러져 다양한 새를 불러 모은다. 대관령에서 발원해 강릉 시내를 가로질러 동해안으로 쉼 없이 달려온 남대천은 하구에서 바다와 만나며 수심이 얕아 많은 새가 찾아온다. 경포호는 경포천 하류에 형성된 자연 석호로 넓이가 약 1.8㎢이다. 과거에는 더 넓은 호수였으나 개간과 관광지 개발로 좁아졌다. 주변에 너른 평야가 있고 하류가 바다와 이어져 겨울 철새를 비롯한 다양한 새에게 좋은 먹이터가 되어 준다. 봄·가을 이동기와 겨울이 탐조 적기로, 이 무렵에는 한여름 사람들로 시끄럽던 바다가 새들의 천국으로 변한다.

주문진해수욕장에서 소돌까지 이어지는 해안에서 만나는 갈매기류와 세가락도요는 사람을 그다지 두려워하지 않는다. 소돌은 높은 파도를 막아 주는 곳이어서 새가 많이 모이며, 아주 가까이에 흑기러기가 머물기도 했다. 주로 소하천, 소돌항 남쪽 해안과 백사장에서 새를 관찰할 수 있다. 높은 파도를 피하거나 먹이를 찾아서 오리류, 논병아리류, 바다오리류, 갈매기류, 아비류가 주문진 항구 안으로 들어온다. 탐조할 때는 방파제에서 항구 안쪽과 바깥쪽을 살펴보거나 배가 정박해 있는 곳에서 항구 안쪽만 보는 방법도 있다.

연곡천 하구는 모래밭이 있어 민물이 한 번 꺾여 흘러가기 때문에 갈매기의 목욕탕으로 안성맞춤이다. 2002년에는 우리나라에서는 보기 어려운 북극도둑갈매기 어린새가 이곳에서 관찰되었다. 간혹 모래톱에 독수리, 참수리, 흰꼬리수리 같은 맹금류가 나타나기도 한다.

차를 타고 연곡천 뒤쪽에 있는 동덕리의 너른 논길을 달리다 보면 계절에 따라 다양한 도요·물떼새류, 밭종다리류, 종다리류, 쇠황조롱이, 물때까치 등을 만날 수 있다. 때로는 흑두루미도 날개를 쉬며 먹이를 찾는다.

사천진항은 사천천과 만나고 해안에 바위가 많아 새들이 파도를 피하기에 알맞다. 등대 주변에서는 잠수성 오리류, 바다오리류, 갈매기류가 자주 보인다. 해안 도로를 따라 사천천 주변 미노리, 판교리 논에서는 할미새류, 밭종다리류, 도요·물떼새류, 맹금류가 보인다. 봄·가을 이동기에 논 주변을 탐조하면 특히 재미있다.

검은머리갈매기

밭종다리

넓적부리도요

털발말똥가리

흑기러기

경포호는 우리나라에서 볼 수 있는 대부분의 오리류, 고니류, 갈매기류를 가까이에서 관찰할 수 있는 몇 안 되는 탐조지이다. 넓적부리도요, 군함조, 물꿩, 쇠뜸부기, 작은도요 같은 보기 드문 새가 나타나기도 하고, 2014년 2월에는 검은머리흰죽지와 매우 닮은 쇠검은머리흰죽지가 국내 최초로 관찰된 곳이기도 하다. 경포호 상류에 있는 경포생태저류지에서부터 경포호로 유입되는 경포천 구간에서는 계절에 따라 오리류, 백로류, 할미새류, 도요류, 큰고니 등을 어렵지 않게 만날 수 있다. 겨울철 경포호에는 특히 잠수성 오리류, 갈매기류가 많다.

경포호에서 해안 도로를 따라 남쪽으로 이동하다 보면 강릉 시내를 가로지르는 남대천이 나타난다. 공항대교를 건너 상류로 가면 탐조대가 나오며, 이곳에서는 백로류, 오리류, 논병아리류, 도요·물떼새류, 갈매기류, 맹금류를 쉽게 만날 수 있다. 운이 좋으면 뒷부리장다리물떼새, 지느러미발도요, 민댕기물떼새, 제비물떼새, 미국쇠오리처럼 보기 힘든 물새가 쉬는 모습도 볼 수 있다. 특히 물수리나 흰꼬리수리가 사냥하는 모습을 보고 싶다면 남대천 하구를 추천한다. 역시나 남대천 하구인 안목에서는 갈매기류와 도요·물떼새류를 볼 수 있다.

뒷부리장다리물떼새

물수리

쇠오리

미국쇠오리

검은머리흰죽지

쇠검은머리흰죽지

핵심 탐조 지점

1 주문진 일대: 주문진해수욕장, 소돌항, 주문진항 일대 방파제와 항구
수리갈매기, 갈매기류(흰갈매기 등), 오리류, 아비류 등

2 연곡천 하구: 연곡천과 동덕리 일대 논
갈매기류, 백로류, 가마우지류, 맹금류, 도요·물떼새류, 할미새류 등

3 사천진항 주변: 항구와 미노리, 판교리 일대 논
잠수성 오리류, 갈매기류, 맹금류, 도요·물떼새류, 할미새류 등

4 경포호: 강릉3.1독립만세운동기념탑, 경포호수광장 주변
논병아리류, 오리류, 고니류, 갈매기류 등

5 남대천 하구: 남대천 탐조대와 강문 주변
논병아리류, 오리·기러기류, 갈매기류, 흰꼬리수리, 참수리, 물수리, 도요·물떼새류, 이동성 산새류 등

아래 QR 코드를 스캔하면 탐조 코스 지도 앱으로 연결됩니다.

네이버

카카오

추천 탐조 시기

★★			★					★		★★	
1	2	3	4	5	6	7	8	9	10	11	12

주요 관찰 대상

이동성 조류
도요·물떼새류

겨울 철새
고니류, 오리류, 갈매기류, 맹금류 등

찾아 가는 길

주문진 일대는 '주문진읍 해안로 1989 또는 1958'을 검색해서 가면 되고 주문진항은 '주문진읍 주문리 265-32' 지역에서 주차를 하고 방파제와 주변 항구를 보면 된다. 연곡천 하구는 '강릉시 연곡면 동덕리 102-5'를 검색해 이동하고 사천진항은 '강릉시 사천면 사천진리 86-105'로 찾아간다. 경포호는 경포호수광장(강릉시 강문동 264)을 찾아가고 남대천 하구는 '강릉시 병산동 889-2'에 위치한 탐조대 주변으로 가면 된다.

주문진 해안

소돌

남대천 하구

안목해수욕장

강원권 추천 탐조지

춘천시

35 강촌	추천 시기 및 관찰 대상	겨울: 오리류(비오리, 흰빰오리, 흰빰검둥오리, 청둥오리 등), 뿔논병아리, 민물가마우지, 산새류(쑥새, 긴꼬리홍양진이, 멋쟁이새, 밀화부리 등)
	추천 장소	강촌대교 상류
	찾아가기	강촌대교
	이동 수단	개인 차량
	탐조 안내	북한강 줄기의 강촌리 일대로 2003년 호사비오리가 관찰되면서 유명해진 곳이다. 강촌대교 상류 구간에서는 주로 오리류를 비롯한 물새를 만나기 좋으며, 주변 산림에서는 산새류를 볼 수 있다.
36 남이섬	추천 시기 및 관찰 대상	연중: 산새류
	추천 장소	섬 전역
	찾아가기	남이섬 종합휴양지 선착장
	이동 수단	섬에서는 도보
	탐조 안내	섬이 작아서 전체가 탐조 지점이며, 탐조 경험이 없는 사람이 첫 탐조를 하기에 좋은 환경이다. 하루 숙박하며 새벽에 탐조해 보는 것도 추천한다. 호텔 정관루 방향으로 난 산책로를 걸으면서 주변을 살펴보면 다양한 산새류를 만날 수 있다. 운이 좋으면 오래된 나무 구멍에서 호반새, 올빼미, 소쩍새 등을 볼 수 있다.

화천군

37 화천읍	추천 시기 및 관찰 대상	연중: 맹금류, 딱다구리류(까막딱다구리 등), 큰소쩍새, 큰유리새, 호반새, 뻐꾸기류, 솔새류, 딱새류, 멧새류 등
	추천 장소	화천군 산림 전역
	찾아가기	붕어섬
	이동 수단	개인 차량
	탐조 안내	화천군은 면적의 86.2%가 산지여서 새를 찾기가 쉽지만은 않다. 특정 지점을 선택하기보다 차량으로 이동하면서 주위를 꼼꼼히 살펴보기를 추천한다.

원주시

38 섬강	추천 시기 및 관찰 대상	겨울: 재두루미, 오리·기러기류, 맹금류, 밭종다리류 등
	추천 장소	문막 주변, 남한강 합류 지점
	찾아가기	문막교(취병리), 장현교(무장리)
	이동 수단	개인 차량
	탐조 안내	문막 평야 지대를 지나 남한강으로 흐르는 섬강은 강원도 내륙에서 몇 안 되는 겨울 철새 도래지다. 취병리 주변에는 버드나무가 자라고 넓은 논이 있어 말똥가리, 털발말똥가리, 참매, 흰꼬리수리 같은 맹금류와 재두루미, 기러기류, 밭종다리류 등을 볼 수 있다. 남한강과 합류하는 지점에서는 큰고니, 흰꼬리수리, 호사비오리 등을 만날 수 있다. 무장리 구간에서는 큰고니, 오리류, 꺅도요, 흰꼬리수리 등이 관찰된다.
39 원주천	추천 시기 및 관찰 대상	겨울: 맹금류(흰꼬리수리 등), 오리류, 산새류 봄·여름: 도요·물떼새류, 물까마귀, 검은등할미새 등 번식 조류
	추천 장소	흥양천 합류부, 가현교 하류
	찾아가기	우산시민체육공원
	이동 수단	개인 차량
	탐조 안내	우산시민체육공원부터 북원주 IC 부근까지 차량으로 이동하면서 살펴보면 된다. 상류에서는 물까마귀, 검은등할미새, 검은딱새 등이 번식하고 이동기에는 청도요, 꺅도요, 깝작도요, 삑삑도요 등 도요류도 관찰된다. 겨울 원주천 하류에서는 흰꼬리수리, 비오리, 청둥오리, 흰뺨검둥오리를 볼 수 있다. 2011년에는 우리나라에서는 기록이 거의 없는 흰이마알락할미새도 관찰되었다.

양양군

40 설악산	추천 시기 및 관찰 대상	봄: 산새류 여름: 잣까마귀, 긴다리솔새사촌 등
	추천 장소	설악산 대청봉, 등산로 등
	찾아가기	남설악탐방지원센터
	이동 수단	도보
	탐조 안내	설악산 대청봉 및 중청봉 주변과 끝청봉을 오르기 전 중간쯤에 있는 눈잣나무에서 잣까마귀를 아주 가깝게 만날 수 있다. 그 주변에서는 긴다리솔새사촌처럼 고지대에서 번식하는 새도 만날 수 있다. 다만 대청봉은 최단 코스로도 6시간 이상 소요되어 등산하기가 쉽지는 않다. 설악산 줄기를 따라 내려온 낮은 산의 계곡에서는 긴꼬리딱새, 큰유리새, 흰눈썹황금새 같은 산새가 새끼를 키운다.

평창군

41 오대산 월정사	추천 시기 및 관찰 대상	연중: 까막딱다구리, 긴점박이올빼미, 나무발발이, 큰소쩍새를 비롯한 산새류 등
	추천 장소	월정사 주변 산림
	찾아가기	월정사 입구
	이동 수단	도보
	탐조 안내	월정사 주변 숲에는 오래된 나무가 많고 다양한 식물이 자라 여러 산새를 연중 볼 수 있다. 특히 여름에는 계곡 주변에서 큰유리새, 쇠유리새, 물까마귀, 호반새, 뻐꾸기, 검은등뻐꾸기, 산솔새, 되솔새 등을 관찰할 수 있다. 또한 우리나라에서 유일하게 나무발발이가 번식하는 곳이다.

태백시

42 매봉산 바람의언덕	추천 시기 및 관찰 대상	겨울: 산새류 등 여름: 솔새류, 지빠귀류 등 번식 조류
	추천 장소	바람의언덕 주변
	찾아가기	바람의언덕
	이동 수단	개인 차량
	탐조 안내	주로 지리산, 금정산, 덕유산 정상에서만 볼 수 있던 갈색양진이가 나타나 유명해진 곳이다. 게다가 우리나라에서 보기 힘든 흰멧새, 해변종다리도 관찰되어 겨울철에 탐조인이 꼭 찾는 곳이 되었다. 여름에는 주변 산림에서 쇠유리새, 산솔새, 긴다리솔새사촌, 흰배지빠귀, 되지빠귀, 알락할미새 등이 번식하기도 한다.

동해시

43 동해시 해안	추천 시기 및 관찰 대상	겨울: 아비류, 논병아리류, 갈매기류, 오리류
	추천 장소	전천 하구(동해항 부근)~ 어달항
	찾아가기	어달항, 북평교 아래 임시주차장(동해시 북평동 281-26)
	이동 수단	개인 차량
	탐조 안내	어달항 주변에서 다양한 갈매기류를 가까이에서 볼 수 있다. 특히 옅은재갈매기가 나타나 유명해진 탐조지다. 전천 하구에서는 겨울철에 갈매기류, 오리류, 논병아리류가 보이고 간혹 큰회색머리아비, 아비 등이 하구에 들어와 먹이 활동을 한다. 봄·가을 이동기에는 도요·물떼새류도 소수 관찰할 수 있다. 전천 하구에서 시작해 어달항까지 해안로를 따라 이동하는 탐조 코스를 추천한다.

새들이 따스하게
겨울을 날 수 있도록 배려하는 사람들이 있고
한여름 사람들로 시끄럽던 바다가
겨울이면 새들의 천국으로 변하는 곳

충청권

- 핵심 탐조지
- 추천 탐조지

44
당진
51
52
50
서산
태안
아산
천안
진천
음성
충주
58
충청북도
월악산
46
45
태안해양
국립공원
홍성
53
57
청주
충청남도
세종
56
보은
속리산
국립공원
안면도
청양
공주
55
대전
보령
부여
계룡산
국립공원
47
논산
54
영동
금산
서천
49
48

44 대호·석문 방조제

방조제로 형성된 호수 안쪽의 논과 주변의 크고 작은 수로를 중심으로 탐조하는 것을 추천한다. 대호방조제 중간 지점인 초락도와 도비도 일대에서는 물안개 속으로 철새가 날아들고, 해가 질 무렵에는 먹이를 구하는 새들이 바삐 움직인다. 석문방조제는 당진시 송산면 가곡리와 석문면 장고항리의 바다를 막아 석문호가 만들어지면서 주변 논과 산림으로 다양한 새가 찾아오는 곳이다. 대호방조제는 석문각에서 도비도까지 곧게 뻗어 특히 겨울철 탐조와 더불어 드라이브를 즐기기에도 아주 좋다. 두 방조제 주변은 계절에 따라 다양한 색을 연출하는 풍경, 아침저녁으로 다른 빛을 띠는 바다를 만날 수 있다. 방조제 근처 왜목마을에서는 일출과 일몰을 한자리에서 볼 수 있다.

큰말똥가리

왜목마을 쪽에서 대호방조제로 접어들어 처음 나타나는 호수 주변을 잘 살펴보면 겨울에는 혹부리오리, 황오리, 넓적부리 등 다양한 오리류와 갈매기류를 만날 수 있다. 봄·가을 이동기에는 장다리물떼새, 흑꼬리도요, 알락도요, 꺅도요 등 주로 논에서 보이는 도요·물떼새와 제비갈매기류를 만날 수 있다. 대호방조제 주변이나 호수 남쪽 농경지로 가서 관찰해도 되지만 차들이 오가는 곳이므로 조심하자.
겨울철에는 농경지와 산림이 인접한 곳에서 흰꼬리수리, 말똥가리, 큰말똥가리, 잿빛개구리매, 오리·기러기류, 흑두루미 등을 만날 수 있다. 간척지 농경지에는 다양한 백로와 긴발톱할미새류가 모여든다.
대호방조제 서쪽 삼길포항 주변에 형성된 호수는 수심이 깊고 면적이 넓어 주로 청둥오리, 흰뺨검둥오리 같은 수면성 오리류와 논병아리류, 큰고니가 지내며 간혹 아비류도 찾아온다. 봄철에는 번식지로 이동하는 가창오리 수만 마리가 쉬었다 가기도 한다.
석문방조제는 삼화리, 통정리 일대 농경지와 석문호 그리고 남쪽의 농수로와 하천이 주요 탐조지이다. 환경이 대호방조제와 크게 다르지 않아 보이는 새도 비슷하다.
넓은 농경지 안쪽으로 들어가면 논둑과 농로 주변에서 계절에 따라 오리류, 할미새류, 도요류 등을 만날 수 있고 간혹 흑두루미가 고단한 날개를 쉬며 먹이를 먹는다. 간척지 농수로는 폭이 넓고 주변에 갈대가 자라고 있어 작은 산새류와 물때까치, 메추라기가 심심치 않게 보인다.
시간 여유가 있다면 봄철 이동기에는 도비도항에서 출발하는 여객선을 타고 대난지도 탐조도 해 볼 만하다. 바다를 건너온 작은 새들을 만날 수 있다.

장다리물떼새

쇠청다리도요

알락해오라기

흑꼬리도요

핵심 탐조 지점

1 대호방조제 호수: 방조제 주변 습지와 농수로
오리류, 고니류, 도요·물떼새류(장다리물떼새, 흑꼬리도요 등)

2 대호방조제 농경지: 교로리, 초락도 주변 농경지
기러기류, 백로류, 제비류, 맹금류(잿빛개구리매, 새매, 큰말똥가리 등)

3 석문방조제 농경지: 통정리, 삼화리 주변 농경지와 수로
오리·기러기류, 할미새류, 도요류, 때까치류, 흰꼬리수리 등

4 석문방조제 호수: 석문대교 주변 수로와 농경지
논병아리류, 오리류, 고니류, 갈매기류, 도요류 등

아래 QR 코드를 스캔하면 탐조 코스 지도 앱으로 연결됩니다.

네이버

카카오

추천 탐조 시기

★★			★				★			★★	
1	2	3	4	5	6	7	8	9	10	11	12

주요 관찰 대상

겨울 철새
오리류, 할미새류,
맹금류, 갈매기류 등

찾아가는 길

대호방조제는 당진군 석문면 교로리와 서산시 대산읍 삼길포리를 연결하는 방조제로 서해안 고속도로 송악IC나 당진IC로 나와 38번 지방도를 이용해 갈 수 있다. 송악IC에서 나와 석문방조제 주변을 탐조하고 대호방조제로 이동하는 것을 추천한다.

대호방조제 간척지

대호방조제에서 바라본 간척지

삼길포 주변 갯벌

석문방조제

▶ 기러기 소리가 새벽을 깨우는 곳

45 천수만

충청남도 서산, 홍성, 태안 사이 약 8㎞의 갯벌을 둑으로 막으면서 생긴 곳이다. 방조제를 쌓으면서 서산 A지구에는 간월호, 서산 B지구에는 부남호가 생겼다. 두 호수는 하천과 이어지며 주변으로는 대규모 농경지가 펼쳐진다. 만 형성 초기에는 기업 영농이 친환경 농법으로 농사를 지었다. 먹이로 가득한 광활한 논, 끝없이 이어지는 얕은 호수, 넓은 갈대밭이 있어 천수만은 곧 새들의 천국이 되었다. 최근에는 B지구에 도시가 건설되고 있고, 소규모 개인 영농이 일반 농법으로 농사를 지으면서 주변 환경이 변한 탓에 전보다는 찾아오는 새가 줄기는 했지만, 여전히 겨울을 나고자 수많은 새가 날아든다.

논과 하천, 얕은 호수로 이루어져 매년 겨울이면 수만 마리의 기러기류, 청둥오리, 흰뺨검둥오리, 고니류, 논병아리류를 포함한 많은 철새가 찾아온다. 과거에는 전 세계 서식 개체의 약 90%에 해당하는 가창오리가 쉬었다 가는 곳이기도 했다. 동틀 무렵이나 노을이 질 무렵 펼쳐지는 가창오리의 군무는 보는 사람으로 하여금 탄성을 자아낸다.

홍성에서 천수만 방조제 오른쪽 농경지로 들어가면 처음 나타나는 큰 하천이 와룡천이다. 와룡천은 폭이 넓고 모래 지대가 잘 발달했으며 주변에 갈대가 무성해 할미새류, 백로류, 멧새류 등을 만날 수 있다. 상류에 있는 작은 보에서는 먹이를 찾는 백로류와 물떼새류도 만날 수 있다. 겨울에는 얼지 않은 하천 구간에서 물고기를 잡는 알락해오라기나 천연기념물이자 멸종위기 야생생물 Ⅰ급인 황새를 찾아보자.

간월호를 따라 상류로 올라가면 보이는 해미천은 폭이 넓고 갈대와 부들이 무성하며, 하천이 여러 갈래로 나뉘어 흐르기 때문에 다양한 새가 편안하게 쉬고 먹이 활동을 할 수 있는 곳이다. 특히 노랑부리저어새를 비롯해 고니류, 오리·기러기류, 백로류, 멧새류, 맹금류 등 다양한 새를 만날 수 있다. 우리나라에서 회색가슴뜸부기가 처음으로 발견된 곳이기도 하다.

간월호 주변 농경지에서는 겨울을 나는 오리·기러기류를 위해 무논(겨울에도 물이 마르지 않게 만든 논)을 조성하기도 하고 최근 많은 수가 월동하는 흑두루미를 위해 정기적으로 먹이를 주기도 한다. 그 덕분에 오리·기러기류, 흑두루미, 황새 등을 만날 수 있다. 다만, 힘겹게 겨울을 나는 새들을 배려해 너무 가까이 다가가지는 않도록 하자.

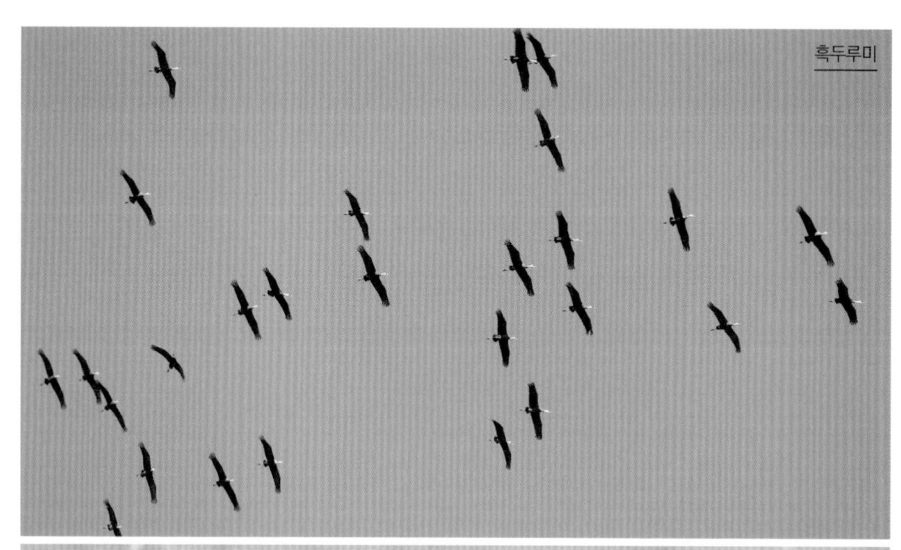
흑두루미

흑두루미

큰기러기

서산 버드랜드를 지나 이동하다 보면 원래는 섬이었으나 간척으로 지금은 야산처럼 남은 대섬이 있다. 농경지에 돌무지가 많고 초지가 있어 맹금류가 쉬기에 좋다. 무논 주변에서는 큰기러기, 황새, 참매, 새매, 말똥가리, 털발말똥가리, 항라머리검독수리 등이 관찰되기도 했다. 이곳은 우리나라에서 확인된 뿔종다리의 마지막 번식지이기도 하다.

부남호 주변은 태안기업도시 개발 때문에 예전만큼은 새가 보이지 않는다. 그러나 부남호 동쪽에는 농경지가 남아 있어 아직 새들을 만날 수 있다. 방조제 초입 현대영농 사무실을 지나 진입하다 보면 나오는 농경지에서는 간혹 오리·기러기류, 백로류, 맹금류 등을 볼 수 있다. 우리나라에서 보기 힘든 흰멧새가 두 번 관찰된 곳이기도 하다. 부남호로 유입되는 장검천에서는 호사도요가 번식했으며, 최근에는 복원 사업으로 방사한 황새가 부남호 주변 당암리 인근 철탑에서 번식하기도 했다.

해미천 상류에서 서쪽으로 진입하다 보면 농경지에 높은 제방 하나가 보인다. 바로 모월저수지다. 간월호와 맞닿아 있으며 갈대, 부들, 줄, 노랑어리연꽃, 마름 등 수생 식물이 다양하게 자라고 있어 덤불해오라기, 큰덤불해오라기, 개개비 같은 여름 철새의 번식지로 유명하다. 얼마 전에는 열대성 조류인 물꿩이 번식해 우리나라 물꿩의 최북단 번식지로 기록되기도 했다.

천수만 남쪽 홍성군 남당항 주변 갯벌은 이동기 철새의 매우 중요한 먹이터다. 갯벌에서는 민물도요, 청다리도요, 중부리도요, 왕눈물떼새, 개꿩 등을 가까이에서 볼 수 있으며 멸종 위기종인 붉은어깨도요, 큰뒷부리도요, 청다리도요사촌, 노랑부리백로도 만날 수 있다.

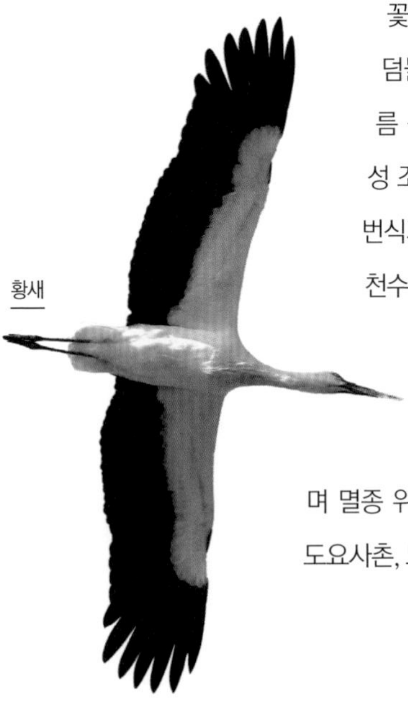

황새

뿔종다리

흰멧새

노랑부리저어새

검독수리

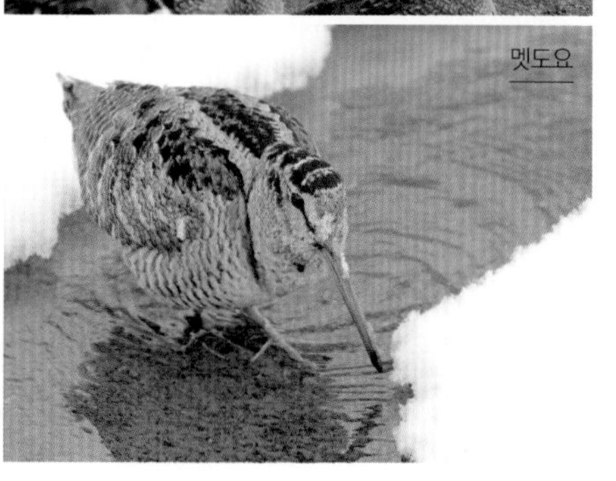
멧도요

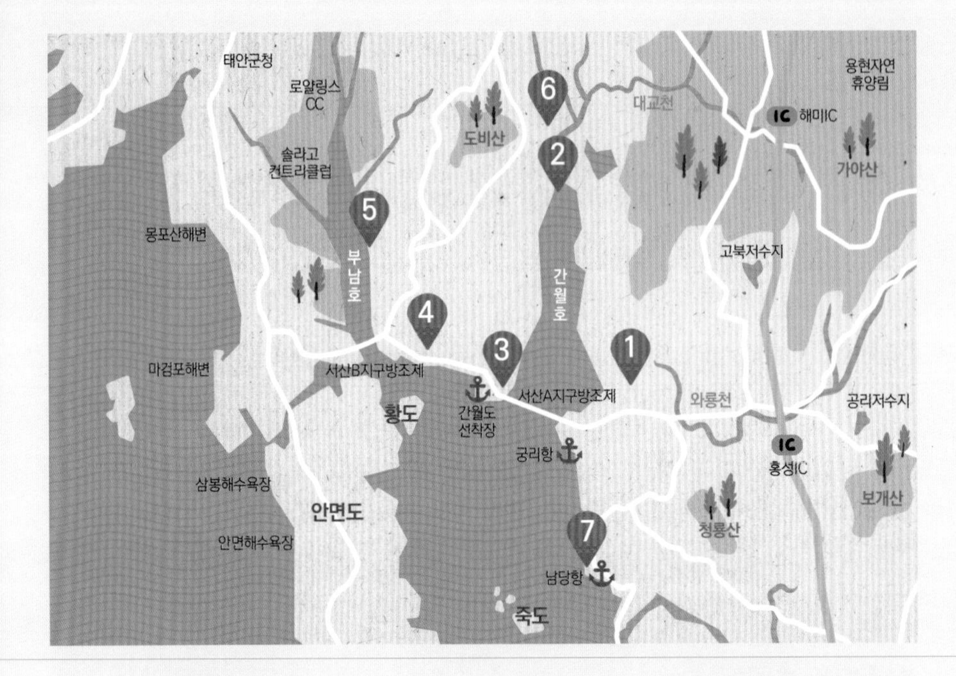

핵심 탐조 지점

1 와룡천
오리류, 할미새류, 황새, 백로류, 도요·물떼새류, 맹금류 등

2 해미천 상류
오리·기러기류, 황새, 큰고니, 노랑부리저어새, 장다리물떼새, 맹금류 등

3 간월도 무논
기러기류(큰기러기, 쇠기러기 등), 오리류(청둥오리, 흰뺨검둥오리, 고방오리 등), 맹금류 등

4 대섬 주변
종다리, 꼬마물떼새, 털발말똥가리, 항라머리검독수리, 흑두루미, 기러기류 등

5 부남호 일대
오리·기러기류, 깍도요, 황새, 맹금류 등

6 모월저수지
덤불해오라기, 큰덤불해오라기, 논병아리, 오리·기러기류 등

7 남당항 주변
청다리도요, 청다리도요사촌, 붉은어깨도요, 큰뒷부리도요, 개꿩, 노랑부리백로 등

추천 탐조 시기

1	2	3	4	5	6	7	8	9	10	11	12
	★★			★					★		★★

주요 관찰 대상	
	이동성 조류
	도요·물떼새류,
	제비갈매기류
	겨울 철새
	고니류, 오리류,
	맹금류, 갈매기류 등

찾아 가는 길

서해안 고속도로 서산IC에서 간월호 상류로 들어가는 방법과 홍성IC에서 A지구 방조제로 들어가는 방법이 있다. A지구는 96번 지방도에서 논으로 들어가는 길을 이용하거나 '홍성군 서부면 궁리 1021'을 검색해 들어가는 방법이 있다. B지구는 '서산시 부석면 창리 233-12'의 현대영농 사무실 옆길로 진입하면 된다.

남당항 주변 해안

해미천 상류

해미천

★ 서산버드랜드는 조류 표본 전시와 함께 다양한 조류 정보를 제공하고 겨울철에는 탐조투어버스를 운영한다. 탐조할 때 함께 들러 보는 것도 좋겠다.

서산버드랜드

▶ 희귀한 새들도 쉬어 가는 보물섬

46 신진도

태안반도에서 가장 서쪽으로 튀어나온 곳에 자리 잡았으며, 부속 섬인 마도와도 연결된 면적이 1.06㎢일 만큼 작은 섬이다. 육지에서 튀어나온 곳이어서 바다를 건너온 새들이 가장 먼저 들르는 곳이다. 연륙교가 놓여 있어 배를 타지 않고 섬에 갈 수 있어 편하게 선 탐조를 즐길 수 있는 곳이기도 하다. 면적이 넓지 않아 걸어 다니면서 새를 관찰할 수 있다는 것도 장점이다. 이런 점 때문에 새를 보려는 사람이 많이 몰리다 보니 정작 새들은 제대로 쉬지 못하고 힘겨워하기도 한다. 신진도는 봄철에 이동하는 새가 잠깐 머무르는 곳이니만큼 먼 곳에서 온 새를 배려하며 조심스레 탐조하는 것이 중요하다. 또한 날씨와 새의 이동 상황에 따라 볼 수 있는 새의 편차가 매우 심하므로 탐조 계획을 잘 짜야 한다.

신진도는 열대붉은해오라기, 붉은해오라기, 밤색날개뻐꾸기 등 국내에서 관찰 기록이 몇 번 없는 새가 관찰된 보물 같은 곳이다. 이처럼 신진도에서는 어떤 새를 볼 수 있을지 모르기 때문에 긴장을 늦추지 말아야 한다.

신진대교를 건너 1㎞ 정도 직진하면 오른쪽에 포구와 마을이 나온다. 공원과 산림 주변으로 난 길을 따라가다 보면 솔새류, 멧새류가 간혹 나타난다. 신진분교 주변 초지와 개활지에서는 지빠귀류, 멧새류, 때까치류, 할미새류를 볼 수 있고, 마을 뒤 습지로 들어가면 노랑눈썹솔새, 검은딱새, 유리딱새, 흰눈썹울새, 개개비 같은 작고 앙증맞은 녀석들이 기다렸다는 듯이 탐조객을 맞는다.

신진도 서쪽으로 방파제 도로를 건너면 부속 섬 마도에 이른다. 옛날 마도분교 주변에는 숲과 밭, 작은 습지가 있다. 습지와 공터 주변에서는 계절에 따라 솔새류, 할미새류, 개개비류, 해오라기류 등이 보이고 흰배뜸부기, 쇠뜸부기사촌이 관찰된 적도 있다. 초지에서는 멧새류, 되새류가 많이 보이며 산림 주변과 묘지 등에서는 지빠귀류, 붉은배새매, 새호리기, 알락개구리매 등 맹금류, 뻐꾸기류가 자주 나타난다.

주변의 어청도나 외연도 탐조를 계획했다가 배가 결항될 경우에는 대안으로 신진도를 들르는 것도 방법이다.

쇠유리새

유리딱새
흰날개해오라기
노랑머리할미새
노랑때까치

밤색날개뻐꾸기

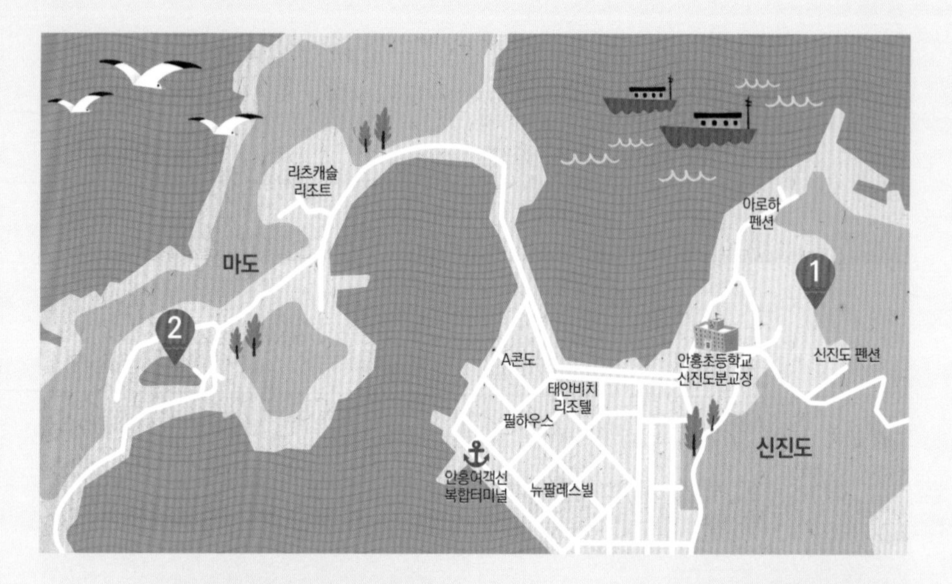

핵심 탐조 지점

1 신진도 펜션 주변: 농경지와 산림 일대

지빠귀류, 솔새류, 제비딱새류, 흰날개해오라기, 멧새류, 뻐꾸기류,때까치류 등

2 마도 습지: 습지 주변 초지와 산림

솔새류, 할미새류, 해오라기류, 백로류, 맹금류, 소쩍새, 개미잡이, 물레새 등

아래 QR 코드를 스캔하면
탐조 코스 지도 앱으로 연결됩니다.

네이버

카카오

추천 탐조 시기

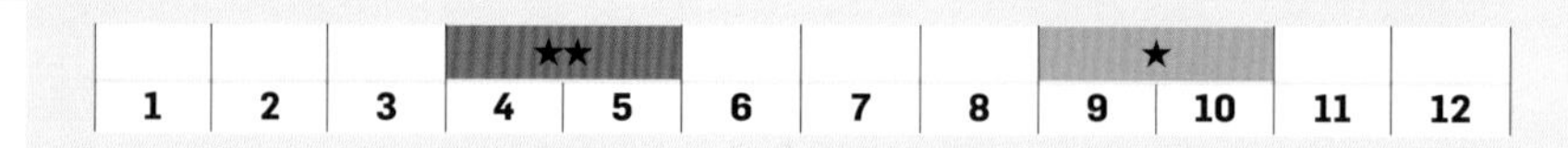

1	2	3	4	5	6	7	8	9	10	11	12
			★★					★			

주요 관찰 대상

이동성 조류

솔새류, 멧새류,

지빠귀류 등

찾아가는 길

'태안군 근홍면 신진도리 130'을 검색해서 간 다음 도착해서는 걸어서 탐조하고 마도로 이동하면 된다.

신진도 해안

신진도 펜션 주변 초지

마도 습지

▶ 먼 길 날아온 새들을 품어 주는 섬

47 외연도

충청남도 보령시에 속한 70여 개 섬 중에서 가장 서쪽에 있으며, 대천항에서 53㎞ 정도 떨어져 있다. 구릉성 산지가 발달했으며, 그중 초등학교 옆 당산에는 천연기념물로 지정된 상록수림이 있다. 서해 가운데에 있어 봄철 동남아시아에서 번식지로 이동하는 새들의 길목이다. 새들은 이곳에 들러 에너지를 보충하고 다시 번식지로 향한다. 섬이 비교적 작다 보니 걸어서 구석구석을 살피며 새를 관찰할 수 있다.

외연도는 '열 가지 꿈의 보물섬'이라 불린다. 안개, 하늘, 태양, 바다, 몽돌, 바위, 무인도, 상록수림, 풍어당제, 아이들. 그렇다면 외연도를 찾는 새들은 열한 번째 보물이 아닐까?
초등학교 주변에는 초지와 밭이 있어 개활지에서 주로 보이는 새가 많다. 특히 밭, 당숲 가장자리, 학교 건물 뒤편 등을 새들이 좋아한다. 상록수림으로 이루어진 당숲에는 제비딱새류, 할미새사촌, 솔새류 등 나무를 좋아하는 새가 많고, 상록수림 가장자리에는 대나무 숲이 있어 항상 그늘이 지므로 은밀하게 땅에서 먹이를 찾는 지빠귀류, 쇠유리새, 울새 등이 보인다. 학교 뒤편 산자락에 있는 작은 약수터에는 물을 먹으려고 솔새류, 지빠귀류, 딱새류가 찾아온다.
약수터에서 해안 산책로를 따라 산을 넘으면 옛날에 논이 있던 마을 뒤편 공터가 나온다. 주변이 트여 있어 높은 나무에 앉아 쉬는 맹금류를 볼 수 있다. 때까치류, 멧새류, 바람까마귀류가 많이 보이며 주변 습지에는 도요류가 나타나기도 한다.
외연도에서 새가 가장 다양하게 출몰하는 곳은 마을 서쪽에 있는 작은 연못 공원과 주변의 그물을 말리는 곳이다. 옛날에는 연못이 그대로 있어 숨거나 먹이를 찾을 공간이 많아 새가 많이 찾아왔으나 최근에는 공원으로 조성되어 구조물이 생기면서 예전보다는 덜 찾아온다.
남측 방파제 쪽 쓰레기장을 둘러보는 것도 좋다. 새가 많지는 않지만 다른 탐조 지점에서 볼 수 없던 귀한 새가 간혹 나타나기도 한다.

꼬까직박구리

꼬까참새

홍비둘기

검은머리방울새

검은머리촉새

한국동박새

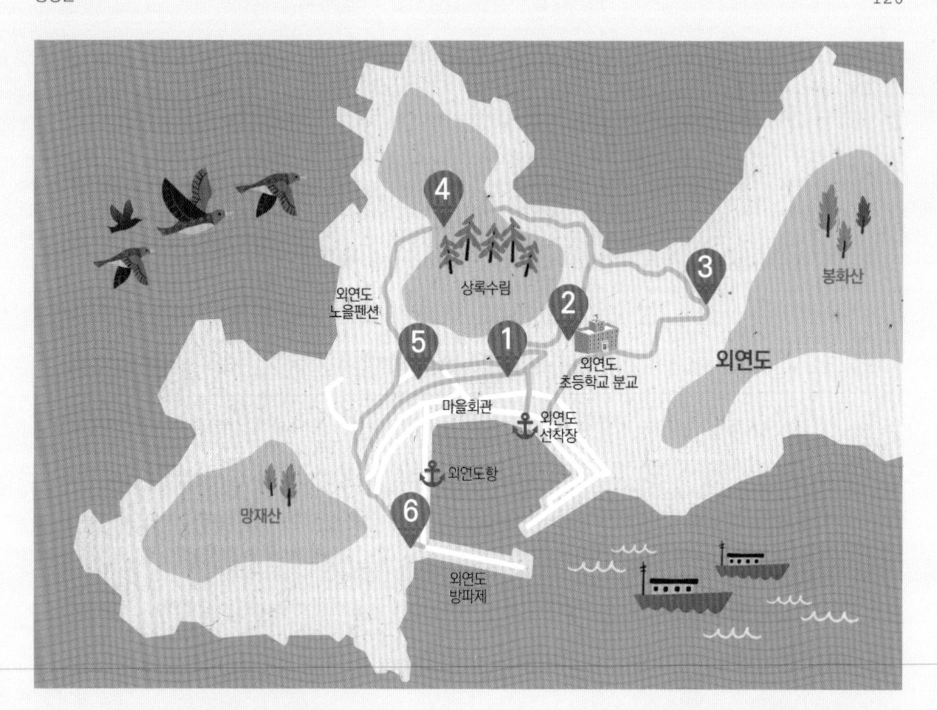

핵심 탐조 지점

1 상록수림 앞 가장자리
지빠귀류, 제비딱새류, 한국동박새, 할미새사촌, 쇠유리새 등

2 외연초등학교 분교 주변
지빠귀류, 뻐꾸기류, 솔새류, 할미새류, 흰배뜸부기, 물레새 등

3 약수터 주변
솔새류, 큰유리새, 검은뺨딱새, 지빠귀류, 맹금류 등

4 초지 습지
왕새매, 꺅도요, 때까치류, 멧새류, 바람까마귀류, 솔새류 등

5 연못 주변
해오라기류, 도요류, 할미새류, 멧새류, 되새류 등

6 쓰레기장 주변
쇠종다리, 큰밭종다리, 쇠밭종다리, 솔새류, 개개비류 등

아래 QR 코드를 스캔하면
탐조 코스 지도 앱으로 연결됩니다.

네이버

카카오

추천 탐조 시기

1	2	3	4	5	6	7	8	9	10	11	12
			★★	★★				★	★		

주요 관찰 대상

이동성 조류
솔새류, 멧새류, 지빠귀류 등

찾아 가는 길

충청남도 보령시 대천연안여객선 터미널에서 배를 타고 들어간다. 대천항에서 출발해 호도, 녹도를 거쳐 마지막으로 외연도에 도착하며 3시간 정도 걸린다. 운항 횟수는 계절에 따라 다르다. 10월부터 3월까지는 하루에 한 번, 4월부터 9월까지는 하루에 두 번 운항되니 새가 많이 오는 봄철에는 당일치기 탐조도 가능하다. 다만 날씨 상황에 따라 운항 여부는 달라질 수 있으니 꼭 여객선 예약 누리집 '가보고 싶은 섬(http://island.haewoon.co.kr)'에서 미리 확인해야 한다.

외연도 항구

외연도 전경

▼ 쫑찡이들의 영원한 안식처

48 유부도

금강 하구에 있으며 면적이 채 1㎢가 되지 않는 아주 작은 섬이다. 드넓은 갯벌에 다양한 생물이 살아 새에게는 아주 좋은 먹이터다. 전라도를 비롯한 주변 지역에서는 도요새를 '쫑쫑쫑, 찡찡찡'하고 운다 해서 '쫑찡이'라고 부른다. 유부도에는 쫑찡이를 비롯해 물떼새가 많이 찾는다. 특히나 칼바람이 매서운 겨울에는 검은머리물떼새와 마도요가 갯벌을 메운다. 여름에는 흰물떼새, 검은머리물떼새, 쇠제비갈매기 등을 볼 수 있다.

유부도에서는 봄과 가을에 수만 마리의 도요·물떼새 군무를 볼 수 있고, 세계적으로 멸종 위기에 처한 넓적부리도요, 청다리도요사촌을 만날 수 있다. 이런 이유로 국내 조류 연구자나 탐조인뿐만 아니라 외국 조류 연구자나 탐조인도 유부도를 꼭 한번 방문하고 싶어 한다.

겨울에는 검은머리물떼새의 최대 월동지로 변한다. 턱시도를 입은 것처럼 흑백 대비가 뚜렷한 검은머리물떼새 수천 마리가 모여 비행하는 모습은 황홀할 정도이다. 마도요도 많은 수가 찾아와 겨울을 보낸다. 봄부터 여름까지는 흰물떼새, 쇠제비갈매기 같은 물새류가 번식하고자 분주히 움직이는 모습도 관찰할 수 있다.

단, 갯벌이 광활하므로 반드시 물때와 물이 잠기는 위치를 정확히 알고 탐조해야 한다. 물때가 맞지 않으면 새들이 너무 멀리 있어 관찰하기 어려우며, 자칫 새를 더 가까이서 관찰하려고 너무 먼 갯벌로 들어가면 새에게 피해를 주는 것은 물론 갑자기 물이 차올라 위험할 수 있다. 탐조 경험이 많지 않은 상태에서 혼자 섬에 가면 새를 관찰하는 것도 쉽지 않지만 안전 문제도 발생할 수 있으니 반드시 전문가와 동행하기를 권한다.

넓적부리도요

©김신환

넓적부리도요

청다리도요사촌

마도요

검은머리물떼새

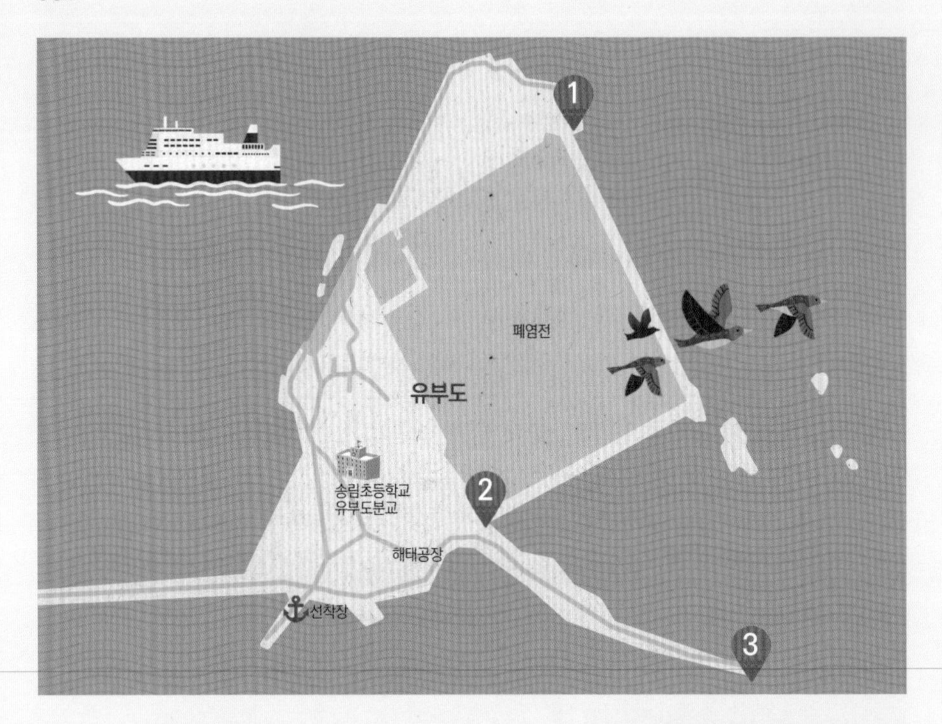

핵심 탐조 지점

1 북쪽 해안
도요류, 물떼새류(검은머리물떼새 등)

2 폐염전
도요·물떼새류, 오리류, 백로류

3 남쪽 해안
도요·물떼새류(알락꼬리마도요, 검은머리물떼새 등), 갈매기류(검은머리갈매기 등)

아래 QR 코드를 스캔하면
탐조 코스 지도 앱으로 연결됩니다.

네이버

카카오

추천 탐조 시기

1	2	3	4	5	6	7	8	9	10	11	12
	★			★★				★★		★	

주요 관찰 대상

도요·물떼새류
마도요,
검은머리물떼새 등

갈매기류
검은머리갈매기 등

찾아 가는 길

유부도는 충청남도 서천군에 속하지만 실제로는 군산시와 더 가깝다. 배를 타는 곳에서 직선거리로 2㎞도 채 떨어져 있지 않아 정기적으로 운항하는 여객선이 없다. '군산시 소룡동 1581-6' 주변에서 유부도 주민의 배를 빌려 타고 들어가야만 하기에 개인적으로 방문하기는 어렵다. 전문가와 동행하거나 에코버드투어(ecobirdtour.co.kr)에서 수시로 진행하는 탐조 여행 프로그램을 신청해서 가는 것을 추천한다.

유부도 전경

겨울 해안

모래 갯벌

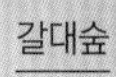

갈대숲

▶ 빛나는 물결 위에서 펼쳐지는 가창오리 군무

49 금강 하구

충청남도 서천군과 전라북도 군산시 경계에 있다. 해안선이 아름다운 이곳은 해안 사구와 모래 갯벌이 잘 발달해 조개, 갯지렁이, 칠게 등 다양한 해양 생물이 살며, 주변에 농경지도 있어 다양한 새의 먹이터가 되어 준다. 1990년에 금강 하구둑이 완성되면서 주변 갈대숲으로 겨울 철새가 찾아오기 시작했으며 국내 최대 철새 도래지 중 하나이다. 해 질 녘 찬란히 빛나는 금강 물결 위에서 수십만 마리의 가창오리가 군무를 펼치는 곳으로도 유명하다. 하늘을 뒤덮은 가창오리의 날갯짓 소리는 오케스트라 연주 소리보다 웅장하다.

봄·가을 이동 시기에는 검은머리물떼새를 비롯한 개꿩, 왕눈물떼새, 흰물떼새, 좀도요, 붉은어깨도요, 학도요, 청다리도요, 알락도요, 깝작도요, 큰뒷부리도요, 흑꼬리도요, 알락꼬리마도요, 중부리도요 등 다양한 도요·물떼새가 찾아온다. 우리나라에서 보기 힘든 뒷부리장다리물떼새도 여러 차례 관찰되었다. 겨울철에는 개리, 큰고니, 큰기러기, 혹부리오리, 흰죽지, 검은머리갈매기, 붉은부리갈매기, 노랑부리저어새 등을 볼 수 있다.
금강 하구둑을 기준으로 상류 지역은 갈대숲이 크고 수심이 일정해 겨울철이면 청둥오리, 흰뺨검둥오리, 고방오리, 쇠오리 등 수면성 오리류와 큰기러기, 쇠기러기, 큰고니, 붉은부리갈매기 같은 다양한 물새를 만날 수 있다.
금강 하구에서 가장 쉽게 새를 관찰할 수 있는 곳은 하구둑 하류이다. 갯벌과 사구가 잘 발달한 김인전공원을 중심으로 장항까지 해안 도로를 따라 주변을 살피면 다양한 물새를 만날 수 있다. 겨울철이면 솔잣새, 상모솔새 같은 산새도 간간이 관찰된다. 특히 갯벌이 발달한 송림리 해안에서는 봄과 여름에 도요·물떼새와 노랑부리백로가 보이고 겨울에는 개리, 큰고니, 큰기러기 등이 찾아온다. 나포리십자뜰 주변 농경지에는 가창오리를 비롯한 다양한 오리·기러기류가 먹이를 먹으러 찾아온다.
금강대교 주변에는 국제적 보호 조류인 가창오리 수십만 마리가 찾아와 장관을 이룬다. 가창오리 무리는 겨울철에 이곳에 계속 머물지는 않고 예당저수지(충청남도 예산군), 동림저수지(전라북도 고창군), 영암호(전라남도 영암군) 등으로 옮겨 다닌다.

붉은발도요

솔잣새

검은머리갈매기

개리

뒷부리장다리물떼새

아메리카메추라기도요

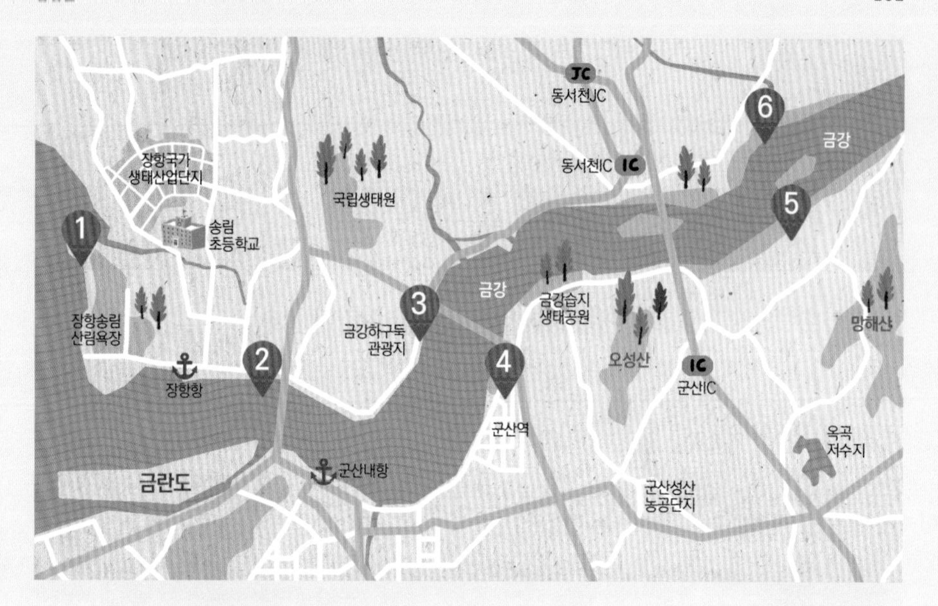

핵심 탐조 지점

1 송림리 해안: 갯벌 주변 탐방로 또는 솔리천 하류
큰고니, 개리, 혹부리오리, 노랑부리백로, 도요·물떼새류

2 원수리 주변: 마을회관 앞 주변 갯벌
오리류(혹부리오리 등), 도요·물떼새류, 검은머리갈매기

3 김인전공원: 주차장 건너편 해안과 갯벌
백로류, 오리·기러기류, 도요·물떼새류, 검은머리갈매기 등

4 채만식문학관: 문학관 근처 개활지와 인근 야구장 앞 갯벌
백로류, 오리·기러기류, 도요·물떼새류

5 나포십자뜰 철새관찰소: 관찰소 주변
큰고니, 수면성 오리류

6 와초리, 완포리 제방: 금강호 일대와 제방 주변 및 농경지
오리류(가창오리 등), 기러기류, 맹금류

아래 QR 코드를 스캔하면 탐조 코스 지도 앱으로 연결됩니다.

네이버

카카오

추천 탐조 시기

1	2	3	4	5	6	7	8	9	10	11	12
★★		★		★★			★	★★			

주요 관찰 대상

겨울 철새
오리·기러기류, 갈매기류 등

나그네새
봄과 가을 이동 시기의 도요·물떼새류

찾아 가는 길

금강 하구를 중심으로 서천군과 군산시를 돌아봐야 하기 때문에 차량이 필수다. 상황에 맞춰 다음 두 가지 경로를 선택해 움직이는 것을 추천한다. 첫 번째는 서천군 김인전공원 또는 서천군 조류생태전시관으로 검색해서 이동한 다음 금강변을 따라서 핵심 탐조 지점을 둘러보는 경로다. 두 번째는 군산시 쪽 금강조류관찰소(군산시 나포면 서포리 604-1)로 이동해서 탐조를 시작하는 경로다.

금강 하구

갯벌 풍경
©서한수

일몰 풍경

★ 다양한 새가 찾아오는 곳이니만큼 조류 관련 시설도 많다. 전라북도 군산시 금강미래체험관의 철새조망대와 서천군 조류생태전시관은 꼭 한번 들르기를 추천한다. 금강 하구둑에서 5분 거리에는 환경부 산하 국립생태원이 있고, 15분 거리에는 해양생물자원관이 있다. 새뿐만 아니라 다양한 생물 관련 전시를 볼 수 있으니 여유가 있다면 들려 보는 것도 좋다.

국립생태원

충청권 추천 탐조지

충청남도

50 천리포 수목원 (태안군)	추천 시기 및 관찰 대상	연중: 산새류
	추천 장소	수목원 전역
	찾아가기	천리포수목원
	이동 수단	도보
	탐조 안내	1979년, 미국에서 귀화한 민병갈이 설립한 국내 최초 민간 수목원으로 1만 4,000여 종의 식물이 자란다. 이동 시기에 지빠귀류, 딱새류, 녹색비둘기 등 다양한 산새가 먹이를 먹거나 쉬었다 가려고 이곳을 찾아온다.
51 아산호 (아산시)	추천 시기 및 관찰 대상	겨울: 논병아리류, 백로류, 갈매기류, 오리류, 도요류, 저어새 등 봄·가을 : 도요류, 저어새, 백로류 등
	추천 장소	아산호와 방조제 주변 갯벌
	찾아가기	아산시 영인면 백석포리 867-21, 공세교(걸매리)
	이동 수단	개인 차량
	탐조 안내	아산시와 평택시를 연결하는 방조제를 건설하면서 생긴 호수로 너비가 약 2.2㎞이다. 아산방조제를 기준으로 상류 담수역과 농경지에서는 청둥오리, 흰빰검둥오리, 큰기러기, 뿔논병아리, 넓적부리, 큰고니, 백로류 등을 만날 수 있다. 봄·가을에 하류 갯벌 지역에서는 검은머리갈매기, 저어새, 청다리도요, 개꿩, 민물도요, 혹부리오리, 왜가리 등을 만날 수 있다.
52 삽교호 (당진시, 아산시)	추천 시기 및 관찰 대상	겨울: 오리·기러기류, 맹금류 등 봄·가을: 저어새, 검은머리갈매기, 도요·물떼새류 등
	추천 장소	삽교호 주변 농경지, 평택호 갯벌
	찾아가기	맷돌포 선착장, 삽교호 함상공원
	이동 수단	개인 차량
	탐조 안내	충청남도 당진시와 아산시를 연결하는 방조제가 건설되면서 생긴 담수호이다. 주변에 매우 넓은 농경지가 있어 겨울철에는 청둥오리, 흰빰검둥오리, 큰기러기, 쇠기러기를 볼 수 있고, 기러기들 사이에서 보기 드문 흰이마기러기를 만날 수도 있다. 말똥가리, 큰말똥가리, 흰꼬리수리, 참매, 매 같은 맹금류도 볼 수 있다. 겨울 끝 무렵 이동기에는 가창오리가 머물다 가며, 2~3월에 운이 좋으면 가창오리 군무를 볼 수도 있다. 맷돌포 선착장에서 삽교호 함상공원까지 이어지는 갯벌에서는 봄·가을에 개꿩, 민물도요, 알락꼬리마도요, 큰뒷부리도요, 왕눈물떼새, 흰물떼새 같은 도요·물떼새류와 저어새, 검은머리물떼새, 검은머리갈매기 같은 멸종 위기종도 만날 수 있다.

53 예당저수지 (예산군)		
	추천 시기 및 관찰 대상	겨울: 오리류(가창오리 등)와 다른 물새류
	추천 장소	예당저수지 전역
	찾아가기	공영 주차장(예산군 응봉면 예당관광로 291)
	이동 수단	개인 차량
	탐조 안내	충청남도 예산군에 위치한 저수지로 삽교호 남쪽 상류에 있다. 겨울철에는 청둥오리, 흰뺨검둥오리, 쇠오리, 흰죽지, 흰비오리, 비오리, 논병아리, 뿔논병아리, 물닭, 붉은부리갈매기 등 우리나라에서 월동하는 물새는 거의 다 만날 수 있다. 특히 2월경 북상하는 가창오리가 쉬다 가는 곳으로 최근에는 삽교호보다 이곳에서 더 자주 보인다. 예당저수지는 가창오리 군무 하나만으로도 적극 추천하는 탐조지다.

54 탑정저수지 (논산시)		
	추천 시기 및 관찰 대상	겨울: 논병아리류, 오리류 등
	추천 장소	탑정호 제방 하류 수계 및 호수 동쪽 습지와 농경지
	찾아가기	탑정호수변생태공원
	이동 수단	개인 차량, 도보
	탐조 안내	농업용 저수지로 충청남도에서 두 번째로 큰 저수지다. 물이 맑고 겨울에도 잘 얼지 않으며, 주변에는 넓은 논산평야가 있어 겨울 철새가 먹이를 먹으러 찾아온다. 주로 원앙, 청둥오리, 흰뺨검둥오리, 넓적부리, 쇠오리 등 다양한 오리류와 논병아리, 뿔논병아리, 민물가마우지 등 물고기를 주로 먹는 새를 만날 수 있다. 2021년에는 우리나라에서 만나기 어려운 큰검은머리갈매기와 미국쇠오리가 이곳에서 관찰되었다.

대전광역시

55 갑천 (유성구)		
	추천 시기 및 관찰 대상	겨울: 고니류, 오리류, 백로류 등 물새류 연중: 산새류
	추천 장소	탑립돌보 탐조대, 월평공원
	찾아가기	탑립돌보 탐조대
	이동 수단	자전거, 도보
	탐조 안내	대전 도심을 가로지르는 하천이다. 탑립돌보 탐조대를 중심으로 하류 금강 합류부까지 이동하면서 새를 관찰한다. 특히 오리류를 가까이에서 볼 수 있다. 혹고니, 큰고니, 고니가 한곳에 모여 있고 붉은부리흰죽지, 적갈색흰죽지 같은 희귀 잠수성 오리류도 관찰된 적이 있다. 겨울 이외에는 바로 주변에 있는 월평공원에서 탐조하는 것도 좋다. 산새류를 만날 수 있고 희귀한 아물쇠딱다구리가 번식했던 곳이기도 하다.

세종특별자치시

56 미호천·금강 합류부 (세종동)	추천 시기 및 관찰 대상	겨울: 백로류, 오리류, 맹금류, 할미새류 등 봄·가을: 도요·물떼새류, 할미새류, 밭종다리류 등
	추천 장소	금강교·세종보~세종시 합강리
	찾아가기	숲뜰근린공원 주차장
	이동 수단	자전거, 도보, 개인 차량
	탐조 안내	세종보 주변과 공주시 금강교 주변은 수심이 다양해 청둥오리, 흰뺨검둥오리, 쇠오리, 큰고니, 민물가마우지, 왜가리, 중대백로, 쇠백로 등이 먹이를 찾아 모여들고 흰꼬리수리, 말똥가리, 황조롱이, 새매, 붉은배새매 등도 보인다. 주변 소하천이 합쳐지는 곳에는 삼각주가 발달해 작은 할미새류, 밭종다리류, 도요·물떼새류를 만날 수 있다. 미호천 하류 합강리에는 배후 습지가 발달해 흰뺨검둥오리, 청둥오리, 황오리, 쇠오리, 가창오리를 비롯한 오리류와 흰꼬리수리, 참수리, 검독수리 같은 대형 맹금류가 관찰되었다. 그러나 최근에는 세종시 건설로 월동지 환경이 많이 파괴되었다.

충청북도

57 미호강 (청주시)	추천 시기 및 관찰 대상	겨울: 오리류(황오리 등), 맹금류(흰꼬리수리, 참매, 쇠부엉이 등) 봄: 도요·물떼새류
	추천 장소	미호강 일대(정북동 토성~청주공항)
	찾아가기	정북동 토성
	이동 수단	개인 차량, 자전거, 도보
	탐조 안내	미호강은 충청북도 음성군에서 발원해 세종시 금강으로 합류하는 하천으로 약 37.5㎞에 이른다. 하폭이 넓어지고 주변에 농경지가 발달한 청주공항 일대에서부터 금강이 만나는 곳이 주요 탐조 장소이다. 황오리, 청둥오리, 흰뺨검둥오리, 넓적부리, 쇠오리 등 대부분 오리류와 흰꼬리수리, 물수리, 말똥가리, 참매, 쇠부엉이 같은 맹금류도 볼 수 있다. 하천과 주변 농경지에는 계절에 따라 꼬마물떼새, 흰물떼새, 검은가슴물떼새, 알락도요, 흑꼬리도요, 청다리도요, 학도요, 꺅도요 등이 먹이를 찾아 모여들기 때문에 논도 잘 살펴볼 필요가 있다.
58 충주호 조정지댐 (충주시)	추천 시기 및 관찰 대상	겨울: 오리류, 물닭, 백로류 등 물새류, 맹금류 등 봄·여름: 번식하는 맹금류 등
	추천 장소	조정지댐 주변, 물억새 군락지 일대, 충주호 주변 산림
	찾아가기	중앙탑휴게소(충주시 중앙탑면 장천리 784)
	이동 수단	개인 차량, 자전거, 도보
	탐조 안내	겨울에는 청둥오리, 흰뺨검둥오리, 가창오리, 흰뺨오리, 비오리, 호사비오리, 민물가마우지, 물닭 등을 만날 수 있으며, 하천 주변에는 흰꼬리수리, 참매, 새매, 말똥가리 같은 맹금류도 자주 나타난다. 붉은부리흰죽지, 북미댕기흰죽지 등이 관찰되기도 했다. 봄과 여름이면 충주호 주변 산림에서 올빼미, 수리부엉이, 소쩍새, 쏙독새, 참매, 왕새매 등이 번식한다.

물새들이 풍성하게 갯벌을 메우고

찬란하게 하늘을 뒤덮는 곳

63 울릉도

66 울진

영주

경상북도

문경

안동

영덕

65

64

김천

구미

59

포항

영천

대구

경주

거창

60

울산

밀양

경상남도

61 68

양산

창원

부산

진주

62

67

통영

거제

70

69

핵심 탐조지

추천 탐조지

독도

경상권

▶ 생선 비린내마저 정겨운 갈매기 천국

59 포항 해안

겨울에 갈매기 종류를 아주 가까이에서 관찰할 수 있다. 핵심 탐조 지점은 구룡포 해안에서 도구해수욕장을 연결하는 해안 도로, 영일대(북부)해수욕장, 영일만항 주변 해안 그리고 월포해수욕장 주변이다. 이 가운데 바다에서 아홉 마리 용이 승천한 포구로 알려지는 구룡포는 오징어, 꽁치, 대게 등이 많이 잡히는 지역이다. 과메기로도 유명하며, 과거에는 청어를 말려 과메기를 만들었으나 청어 어획량이 점점 줄면서 최근에는 꽁치로 대신한다. 구룡포항에서 호미곶까지 이어지는 긴 해안에는 갈매기가 집중적으로 모여든다. 종류와 연령대가 다양해 갈매기 종류를 공부하기에 아주 좋은 곳이다. 겨울철, 구룡포 모서리에 자리한 호미곶에서 바라보는 해돋이 풍경은 수많은 갈매기와 등대 사이로 귀항하는 어선이 배경으로 펼쳐지면서 더욱 장관을 이룬다.

연오랑과 세오녀의 전설이 서린 도구해수욕장과 영일대(북부)해수욕장 탐조는 멸종 위기종 고대갈매기를 만나는 것만으로 충분히 만족스럽다. 운이 좋다면 다른 지역에서 쉽게 만날 수 없는 고대갈매기를 아주 가까이서 볼 수도 있다. 도구해수욕장은 태풍이 지난 후에 간혹 넓적부리도요, 지느러미발도요 같은 귀한 새가 나타나기도 해서 더욱 설레는 탐조지다.

도구해수욕장을 지나 구룡포항까지 이어지는 해안 도로에서는 아주 다양한 갈매기 종류를 볼 수 있다. 특히 다른 곳에서는 보기 힘든 흰갈매기나 수리갈매기가 나타나기도 한다. 이동하는 길 주변 산림에서는 검은머리방울새, 되새 등 겨울 철새도 심심치 않게 보인다. 갯바위와 백사장에서는 세가락도요가 쉬는 모습도 볼 수 있다. 구룡포항과 호미곶항으로는 겨울철 큰 파도를 피해 바다쇠오리, 흰수염바다오리, 아비, 큰회색머리아비 등이 들어오기도 한다.

영일만항은 규모가 큰 항구로 방파제가 있어 파도를 피해 항구로 들어오는 논병아리류, 아비류, 잠수성 오리류, 바다오리류 등을 볼 수 있는 곳이다. 항구에 정박해 있는 배 사이에서도 새가 쉬어 가며, 항구 남쪽 죽천 방파제 주변에는 간혹 흑기러기, 흰줄박이오리도 나타난다.

곡강천과 바다가 만나는 칠포부터 월포해수욕장까지는 해안로를 따라가면서 쌍안경으로 바다를 꼼꼼히 살펴보자. 회색머리아비, 검은목논병아리, 귀뿔논병아리, 바다쇠오리, 흰수염바다오리, 흰줄박이오리 등을 비롯해 평소 보기 힘든 다양한 바닷새를 만날 수 있다.

월포해수욕장 주변 서정천 일대에서는 멸종위기 야생생물 II급인 흰목물떼새를 볼 수 있다. 근처 농경지에는 섬참새와 방울새, 긴꼬리홍양진이 등도 이따금 나타나 산새를 보는 즐거움까지 더한다.

고대갈매기

흰갈매기

옅은재갈매기

흰수염바다오리

흰목물떼새

흰줄박이오리

지느러미발도요

핵심 탐조 지점

1 구룡포항 해안: 항구 내부와 갯바위 주변
갈매기류(붉은부리갈매기, 괭이갈매기, 재갈매기, 큰재갈매기, 흰갈매기 등), 바다오리류

2 호미곶 해안: 호미곶 광장과 갯바위 주변
갈매기류(붉은부리갈매기, 괭이갈매기, 재갈매기, 큰재갈매기, 흰갈매기 등), 세가락도요

3 도구해수욕장~흥환간이해변: 해수욕장과 주변 소하천, 해변과 갯바위 주변
갈매기류(고대갈매기, 흰갈매기 등), 바다오리류(바다쇠오리, 흰수염바다오리 등)

4 영일대(북부)해수욕장: 해수욕장 모래사장 주변
갈매기류(붉은부리갈매기, 괭이갈매기, 재갈매기, 큰재갈매기, 수리갈매기, 흰갈매기 등)

5 영일만항: 항만 시설과 죽천해수욕장 주변
논병아리류, 바다오리류와 검둥오리사촌, 세가락도요, 흑기러기 등

6 월포해수욕장: 칠포 해안부터 북쪽으로 월포 해안까지
아비류, 갈매기류, 물수리, 흰목물떼새, 산새류(섬참새, 방울새 등)

아래 QR 코드를 스캔하면 탐조 코스 지도 앱으로 연결됩니다.

네이버

카카오

추천 탐조 시기

1	2	3	4	5	6	7	8	9	10	11	12
★★		★		★					★		★★

주요 관찰 대상	겨울 철새
	아비류, 오리류,
	갈매기류
	(고대갈매기,
	흰갈매기 등),
	섬참새 등

찾아 가는 길

영일만항(흥해읍 영일만항로 111)을 제외한 탐조 지역은 대부분 지방도를 따라 이동하면서 항구나 소하천이 바다와 만나는 곳을 중점적으로 살펴본다. 구룡포항(구룡포읍 호미로 222-1)부터 도구해수욕장(남구 동해면 일월로 81번길 36)까지 이어지는 929지방도가 가장 중요한 탐조 코스이다. 영일대해수욕장은 바로 검색하면 되고, 주말 관광객이 많을 때는 갈매기류를 관찰하기 쉽지 않다. 영일만항에서 월포(북구 청하면 해안로 2308번길 16)까지 이어지는 20지방도도 좋은 탐조 지역이다.

구룡포 항구

도구해수욕장

호미곶 해안

영일대(북부)해수욕장

60 우포늪

경상남도 창녕군 대합면, 이방면, 유어면, 대지면 일대에 걸친 우포늪은 약 70만 평에 이르는 우리나라 최대 자연늪지로 '살아 있는 자연사박물관'이라 불린다. 한반도가 생겼을 무렵인 약 1억 4,000만 년 전 낙동강 지류인 토평천 유역에서 형성되었다. 그게 우포늪, 목포늪, 사지포, 쪽지벌 4개 지역과 2014년 창녕군에서 복원한 산밖벌이 포함된다. 큰고니와 큰기러기를 비롯한 겨울 철새뿐만 아니라 습지를 터전으로 살아가는 다양한 동식물의 보금자리로 1997년 7월 26일에 생태계특별보호구역, 1998년 3월 2일에 람사르협약 보존습지, 1999년 8월 9일에 습지보호지역, 2011년 1월 13일에 천연보호구역으로 지정되었다. 또한 이곳에는 먹이 부족과 서식지 파괴, 남획으로 1979년에 우리나라에서 사라진 따오기 복원센터가 있다.

겨울 철새만이 아니라 번식기인 봄과 여름에도 물닭, 쇠물닭, 흰빰검둥오리 같은 다양한 번식 조류를 만날 수 있다. 천연기념물이자 멸종위기 야생생물 II급인 따오기 복원센터가 있어 센터 주변에서는 일 년 내내 따오기를 만날 수 있다. 희귀 조류인 물꿩 또한 이곳 가시연잎에서 번식해 큰 관심을 받았다.

우포늪 생태관에서 탐방로를 따라 들어가는 우포는 오리류, 백로류와 논병아리, 물닭 등이 먹이를 먹거나 쉬는 곳이다. 운이 좋으면 멸종 위기종인 황새나 노랑부리저어새도 만날 수 있고 탐방로 주변 덤불과 나무 사이에서 굴뚝새나 딱새, 노랑턱멧새 등 작은 산새도 심심치 않게 볼 수 있다. 오른쪽으로 조금만 올라가면 나오는 대대제방은 우포의 전체 모습을 감상하기에 가장 좋다. 습지 가장자리에서 지내는 큰고니, 큰기러기 무리가 우포 풍경과 어우러져 생동감을 준다.

사지포는 최근에 대부분 지역이 연으로 뒤덮이면서 예전과 달리 새를 관찰하기가 쉽지는 않다. 오리·기러기류가 보이며, 이따금 사지포 인근에 조성된 논 습지에서 황새가 관찰되기도 한다. 복원사업으로 예산황새공원에서 방사한 개체다.

우포 북서쪽에 자리한 목포에서는 큰고니, 큰부리큰기러기가 많이 관찰되며, 다른 지역과 마찬가지로 여러 오리류와 백로류, 논병아리, 물닭 등을 어렵지 않게 만날 수 있다. 특히 흰죽지, 댕기흰죽지, 검은머리흰죽지 등 잠수성 오리류가 많으며 국내에서 관찰된 적이 많지 않은 적갈색흰죽지가 나타나기도 한다.

쪽지벌은 가장 면적이 좁고 잘 알려지지 않아 한적해서 물총새나 오리류를 편하게 관찰할 수 있다.

따오기
물꿩
되새
큰오색딱다구리
굴뚝새
큰부리큰기러기
적갈색흰죽지

핵심 탐조 지점

1·2·3 우포: 남쪽 수변과 대대제방, 북쪽 주매제방 등
오리·기러기류, 백로류, 따오기, 노랑부리저어새, 작은 산새류(멧새류 등)

4·5 목포: 북쪽 수변과 습지, 목포제방 등
오리·기러기류(큰고니, 큰기러기 등), 작은 산새류(굴뚝새 등)

6 쪽지벌: 주변 수변과 습지
오리·기러기류(큰고니, 큰기러기 등), 노랑부리저어새 등

7 사지포: 제방 주변 수변
오리·기러기류(황새, 큰기러기 등), 맹금류 등

아래 QR 코드를 스캔하면 탐조 코스 지도 앱으로 연결됩니다.

네이버

카카오

추천 탐조 시기

★★		★		★						★	★★
1	2	3	4	5	6	7	8	9	10	11	12

주요 관찰 대상

겨울 철새
따오기, 노랑부리저어새, 황새, 오리·기러기류, 백로류, 맹금류, 작은 산새류 등

찾아 가는 길

도로가 협소한 곳이 많으니 주의하자. 우포 남쪽은 '우포늪생태관'에 주차한 후 도보로 둘러보면 된다. '이방면 안리 1492-2'를 검색하면 우포 반대편인 북쪽 습지를 둘러볼 수 있다. '이방면 안리 1560-2'를 검색하면 목포 북쪽을 둘러볼 수 있으나 도로가 협소하고 주차 공간이 거의 없다. '이방면 옥천리 548-3'을 검색하면 북쪽으로는 목포 남쪽, 남쪽으로는 우포 서쪽을 관찰할 수 있는 목포제방이 나온다. '이방면 옥천리 496-5'를 검색하면 쪽지벌, '대합면 주매리 172-1'을 검색하면 사지포를 찾아갈 수 있다.

우포 산책길

목포 북쪽

©김성진

쪽지벌

©김성진

61 주남저수지

1951년에 경상남도 창원시의 농업용 저수지로 완공되었다. 주남, 동판, 산남 3개 저수지로 이루어져 있으며, 넓이는 약 180만 평이다. 남동쪽으로 금병산, 남쪽으로 봉림산, 남서쪽으로 구룡산, 북쪽으로 백월산이 병풍처럼 둘러싸고 있다. 수생 식물과 수서 동물이 풍부해 철새를 비롯한 다양한 물새의 먹이터가 된다. 특히나 주남저수지는 전체 풍경을 한눈에 바라볼 수 있고 탐조대가 마련되어 있으며 새에 대한 정보를 얻을 수 있는 생태학습관이 있어 가족 단위 방문객이나 초보 탐조인이 많이 찾는다. 또한 2008년에 환경부와 경상남도가 주관하고 총 160개국 2,000여 명이 참석한 제10차 람사르협약 당사국 총회가 이곳에서 열렸다. 그것을 기념해 만든 람사르 문화관도 있으니 함께 들러 보기를 권한다.

주남저수지 탐조대에서 저수지 쪽을 바라보면 청둥오리, 흰뺨검둥오리 같은 수면성 오리류부터 흰죽지, 댕기흰죽지 등 잠수성 오리류, 큰고니, 고니를 비롯한 고니류까지 다양한 물새를 만날 수 있다. 논병아리, 민물가마우지, 물닭, 백로류도 쉽게 볼 수 있다.

저수지 주변 농경지는 기러기 무리가 지내는 곳이다. 큰기러기와 쇠기러기가 대부분이지만 그 사이에 흰이마기러기, 캐나다기러기, 줄기러기 같은 보기 힘든 기러기도 섞여 있을 수 있어 찾는 재미가 쏠쏠하다. 잿빛개구리매, 참매, 황조롱이, 독수리, 흰꼬리수리, 항라머리검독수리 등 맹금류도 가끔 나타나 자태를 뽐낸다. 행운이 따른다면 매년 무리 지어 찾아와 겨울을 나는 재두루미와 노랑부리저어새 같은 멸종 위기종을 만날 수도 있다.

한적한 곳에서 새를 관찰하고 싶다면 동판저수지가 제격이다. 볼 수 있는 새 종류는 주남저수지와 비슷한데도 찾는 사람이 적어 조용히 새를 살펴볼 수 있다. 주남과 동판의 갈림길 직전에서 동판저수지를 바라보면 큰고니를 비롯한 오리·기러기류를 아주 가까이에서 바라볼 수 있다. 물닭과 백로류 등도 만날 수 있다. 또한 이곳에서는 매년 물꿩이 번식한다. 근처 산에서 들려오는 산새의 지저귐은 덤이다.

주남과 동판 저수지에 비하면 산남저수지는 볼 수 있는 새는 적지만 오리류를 가까이에서 관찰할 수 있다는 점이 매력이다. 새를 알아보는 단계를 넘어 행동을 관찰하며 탐조의 깊이를 더하고 싶다면 산남저수지를 추천한다.

붉은머리오목눈이

고방오리

노랑부리저어새

흰이마기러기

고니

핵심 탐조 지점

1 주남저수지: 탐조대를 중심으로 저수지 전체
노랑부리저어새, 재두루미, 물닭, 민물가마우지, 백로류, 오리·기러기류, 맹금류 등

2 동판저수지 서쪽: 저수지 입구 쪽 습지 부근
노랑부리저어새, 물닭, 물꿩, 백로류, 오리·기러기류 등

3 동판저수지 동쪽: 저수지 전체, 주변 산림 가장자리
오리·기러기류, 산새류(직박구리, 붉은머리오목눈이, 딱새 등)

4 주남저수지 들녘: 저수지 동쪽 농경지 일대
재두루미, 맹금류 등

5 산남저수지: 저수지 전체
논병아리, 물닭, 오리류, 백로류, 붉은부리갈매기 등

아래 QR 코드를 스캔하면 탐조 코스 지도 앱으로 연결됩니다.

네이버

카카오

추천 탐조 시기

1	2	3	4	5	6	7	8	9	10	11	12
★★	★★	★								★	★★

주요 관찰 대상

겨울 철새
오리·기러기류(큰고니와 큰기러기 등), 두루미류(재두루미, 캐나다두루미, 검은목두루미, 흑두루미 등), 노랑부리저어새, 맹금류 등

찾아 가는 길

'주남저수지 탐조대'를 검색해서 가면 저수지 전체를 한눈에 바라볼 수 있다. 가는 길에 '창원시 동읍 월잠리 377'에 들르면 동판저수지 서쪽을 둘러볼 수 있다. '동읍 월잠리 5-2'로 가면 동판저수지의 전체 모습을 볼 수 있지만 길이 협소하고 주차 공간이 없다. '대산면 가술리 569-10'을 찾아가면 주남저수지 동쪽 농경지 입구가 나온다. '동읍 금산리 4-9'에서는 산남저수지를 둘러볼 수 있다.

주남저수지

주남저수지 주변 농경지

동판저수지

강과 바다를 잇는 생명의 고리

62 낙동강 하구

강원도 태백시 함백산에서 발원한 낙동강은 약 520㎞를 흘러 부산시 화명동과 김해시 대동면 일대에서 두 갈래로 나뉘다가 바다에 이른다. 을숙도를 포함한 낙동강 하구는 담수역, 해수역, 기수역이 공존하는 곳으로 드넓은 갯벌, 우거진 갈대숲이 있으며 길게 흘러온 물길만큼 다양한 생명이 깃들어 산다. 새에게는 먹이터로도, 휴식터로도, 은신처로도 더할 나위가 없는 곳이다. 을숙도에는 2007년 6월에 개관한 낙동강하구에코센터가 있어 새에 관한 정보를 얻을 수 있다. 낙동강 하구는 1982년에 을숙도와 주변 갯벌이 연안오염특별관리구역, 1988년에 자연환경보전지역, 1989년에 생태계 보전지역, 1999년에 습지보호구역으로 지정되어 우리나라에서는 유일하게 자연환경 관련 5개 법으로 보호받는 곳이기도 하다.

우선 낙동강하구에코센터를 중심으로 을숙도를 둘러보자. 이곳에는 큰고니, 큰기러기를 비롯한 다양한 오리·기러기류가 산다. 백로류와 논병아리, 물닭 같은 물새를 포함해 노랑부리저어새, 검은머리갈매기 등도 만날 수 있다. 노랑텃멧새, 쑥새, 북방검은머리쑥새, 검은머리쑥새, 스윈호오목눈이 등 작은 산새류도 만날 수 있어 탐조의 즐거움을 더한다.
을숙도에서 다대포까지 이어지는 해안로를 따라 살펴보는 것도 좋다. 이곳에서는 선박을 이용하지 않고도 맹금머리등, 백합등 같은 모래섬 일부를 관찰할 수 있다. 주로 가마우지류, 백로류, 고니류, 갈매기류, 맹금류가 자주 보인다. 1970년대 후반까지 전국에서 흔했으나 서식지와 먹이 감소로 이제는 보기가 어려워진 솔개를 연중 관찰할 수 있는 유일한 곳이기도 하다. 다만, 이 지역은 차량 통행이 잦아서 위험할 수 있으니 주의하자.
조금 더 내려오면 낙동강 하구를 한눈에 바라볼 수 있는 아미산 전망대가 있다. 새를 가까이에서 볼 수는 없지만 낙동강 하구 전체를 감상하기 좋은 곳이다. 다대포해수욕장과 몰운대 전망대 사이에 있는 뒤쪽 해안을 살피다 보면 다양한 연령대 갈매기를 볼 수 있다.
을숙도 서쪽에 있는 명지 갯벌에는 멸종 위기종인 노랑부리저어새, 참수리가 가끔 모습을 보인다. 탐조대와 주차장이 있어 탐조하기 좋은 환경이라 꼭 추천하는 곳이다. 낙동강 하구에서 만날 수 있는 대표 새인 큰고니는 특히 이곳에서 많이 보인다.
봄·가을에 신호 갯벌에서는 낙동강에서 보기 힘든 도요·물떼새류를 만날 수 있다. 흰죽지, 댕기흰죽지, 검은머리흰죽지 같은 잠수성 오리류를 가까이에서 만나고 싶다면 서낙동강의 녹산항과 녹산수문 주변을 둘러보자.
낙동강 하구는 한때 동양 최대의 겨울 철새 도래지였다. 지금도 전국에서 가장 많은 겨울 철새가 관찰되는 지역이기는 하지만 대규모 개발, 갯벌 매립 등으로 서식지가 줄고 주변 환경이 나빠지면서 이곳을 찾는 철새가 점점 줄고 있다. 그러니만큼 더욱 관심을 기울여 지켜야 하는 곳이다.

솔개

쇠제비갈매기

칡부엉이

검은머리쑥새

©김신환

아메리카홍머리오리

핵심 탐조 지점

1 을숙도: 낙동강에코센터와 생태공원 등 을숙도 전역
오리·기러기류(큰고니, 큰기러기 등), 백로류(중대백로, 쇠백로, 왜가리 등), 갈매기류(갈매기, 검은머리갈매기 등), 노랑부리저어새와 물닭, 맹금류(물수리, 솔개, 새매, 황조롱이 등), 멧새류(노랑턱멧새, 북방검은머리쑥새 등)

2 을숙도대교 남단: 을숙도대교에서 남쪽으로 이어지는 동쪽 해안
가마우지류, 오리·기러기류(큰고니, 큰기러기 등), 갈매기류(갈매기, 검은머리갈매기 등), 도요류(민물도요 등), 맹금류(물수리, 솔개 등)

3 아미산 전망대: 전망대에서 바라보는 모래섬 등
맹금류(물수리, 솔개 등)

4 다대포해수욕장: 주변 해안 일대
갈매기류(괭이갈매기, 갈매기, 붉은부리갈매기 등), 맹금류(물수리, 솔개 등)

5 명지 갯벌: 갯벌 주변 탐조대
노랑부리저어새와 재두루미, 오리·기러기류(큰고니와 큰기러기 등), 백로류(중대백로, 왜가리 등), 도요·물떼새류(마도요, 민물도요 등), 맹금류(참수리, 물수리 등)

6 신호 갯벌: 신호리 앞 갯벌
노랑부리저어새와 도요·물떼새류(개꿩, 마도요, 민물도요 등), 맹금류(물수리 등), 갈매기류(검은머리갈매기, 붉은부리갈매기, 괭이갈매기 등)

7 녹산수문: 녹산수문공원, 서쪽 해안가 등
잠수성 오리류(흰죽지, 댕기흰죽지, 검은머리흰죽지 등), 갈매기류(괭이갈매기, 붉은부리갈매기 등)

아래 QR 코드를 스캔하면 탐조 코스 지도 앱으로 연결됩니다.

네이버

카카오

추천 탐조 시기	1	2	3	4	5	6	7	8	9	10	11	12
	★★		★						★			★★

주요 관찰 대상

겨울 철새

오리·기러기류 (큰고니와 큰기러기 등), 기타 다양한 물새류와 맹금류 등

나그네새

봄·가을 이동 시기의 도요·물떼새류 등

찾아 가는 길

'낙동강에코센터'를 검색해서 가면 을숙도 전체를 둘러볼 수 있다. 을숙도대교에서 다대포해수욕장 방면으로 '아미산 전망대'를 검색해 이동하고, 다음으로 다대포해수욕장을 둘러보면 된다. 단, 을숙도대교 남단은 '부네치아선셋전망대'를 검색해 주차한 후 도보 이동을 추천한다. 이 지역은 도로에 주차할 곳이 마땅치 않고 차량이 많아 주의해야 한다. 핵심 지점만 둘러보고 싶을 때는 이 지역들을 생략하고 바로 명지 갯벌로 이동해도 좋다. '명지철새탐조대'를 검색하면 된다. 신호 갯벌은 '부산 강서구 신호동 263(소담공원)'을 검색해서 이동한다. 녹산수문은 '부산 강서구 녹산동 77-1'로 가면 된다.

을숙도
©김우열

다대포해수욕장
©김우열

신호 갯벌
©김우열

녹산수문
©김우열

낙동강하구에코센터

▶ 동쪽 끝에 뿌리내린 또 하나의 대한민국

63 울릉도·독도

높은 파도만이 일렁이는 망망대해에 우뚝 솟아 새들을 지켜 주는 독도와 이들을 껴안은 울릉도. 존재만으로 소중한 동쪽 끝의 우리 땅이다. 울릉도는 오각형 섬으로 면적은 72.56㎢ 정도다. 길이는 동서로 약 10㎞, 남북으로 약 9.5㎞이며 해안선 길이는 56.5㎞에 이른다. 화산 활동으로 형성되었으며 섬 중앙에는 최고봉인 성인봉(984m)이 있고 주변으로는 나리분지, 알봉분지 등이 있다. 향나무, 후박나무, 동백나무 등이 자라며 다양한 특산 식물이 있다. 근해는 한류와 난류가 만나 오징어, 꽁치, 명태 등이 많이 잡힌다. 울릉도에 사는 새로는 흑비둘기가 유명하다. 울릉도에서 동남쪽으로 약 87.4㎞ 떨어진 곳에 있는 독도는 크게 동도와 서도로 나뉜다. 그 주변으로 89개 바위섬이 흩어져 있다. 화산섬으로 하천이나 평지가 전혀 없다. 주요 시설물로는 동도에 독도 등대, 경비대가 있고 서도에 주민과 울릉군청 직원이 거주하는 숙소가 있다. 우리 땅 동쪽 끝을 괭이갈매기가 지키고 있다.

섬참새

우리나라에서 흑비둘기를 가장 쉽게 관찰할 수 있는 '울릉 사동 흑비둘기 서식지'는 울릉도에서 가장 처음 흑비둘기가 알려진 곳으로 천연기념물로 지정되었다. 후박나무 열매가 익기 시작하는 여름이면 저동항의 관음정에서부터 흑비둘기를 만날 수 있다.

흑비둘기는 울릉도 전체에서 볼 수 있지만 먹이로 삼는 열매가 달리는 보리밥나무, 섬벚나무, 섬잣나무, 후박나무를 찾으면 더욱 가까이에서 관찰할 수 있다. 이런 나무는 주로 사동 농업기술센터 주변, 봉래폭포, 남서동 고분군 주변, 나리분지의 원시 보호림 등에서 찾을 수 있다.

탐조인이 울릉도를 찾는 또 다른 이유는 섬참새다. 섬참새도 흑비둘기처럼 새끼를 낳고 기르고자 울릉도를 찾고 겨울이면 떠나는 울릉도의 대표 철새이다.

울릉도 남쪽에 자리한 남서천은 할미새류가 먹이 활동을 하고 섬참새나 방울새, 동박새 같은 작은 산새가 목욕하는 곳이다. 겨울이면 갈매기류와 다양한 오리류도 하천과 바다가 만나는 곳에서 보인다.

봄·가을에는 서쪽 태하천 하구와 주변 초지를 둘러보자. 이동 시기에 맑은 물을 찾아오는 도요·물떼새나 할미새류 등을 가까이에서 관찰할 수 있고 간혹 흑두루미, 흰이마기러기처럼 예상하지 못했던 새도 만날 수 있다. 주변에서 날아다니는 흑비둘기와 섬참새는 덤이다.

겨울에는 저동항, 태하항, 현포항 탐조를 추천한다. 흰줄박이오리도 가까이에서 만날 수 있고, 푸른 바다를 배경으로 가마우지와 쇠가마우지가 쉬는 모습도 감상할 수 있다. 다양한 갈매기류는 겨울 바다의 정취를 더한다. 저동항 해안 산책로 걷다 보면 괭이갈매기가 번식하는 모습도 볼 수 있다.

독도는 망망대해에 있는 면적이 좁은 섬이기 때문에 이동 시기에 다양한 새가 쉬어 가며 바다제비, 뿔쇠오리, 매 등이 번식하는 곳이기도 하다. 독도 조사 자료에 따르면 내륙에서 보기 어려운 새를 포함해 190여 종이 관찰되었다. 독도 지킴이라 불리는 괭이갈매기의 번식지로 유명하다.

흑비둘기

흰줄박이오리

가마우지

검은가슴물떼새

바다비오리

독도

핵심 탐조 지점

1 저동항: 관음정과 항구 전체
잠수성 오리류(흰줄박이오리 등), 갈매기류(가마우지류, 재갈매기, 큰재갈매기 등), 흑비둘기 등

2 남양리: 남서천과 상류 상록수림대 및 남서동 고분군 일대
도요·물떼새류와 할미새류, 작은 산새류(섬참새, 방울새, 동박새 등), 흑비둘기 등

3 태하항: 태하천 하류와 주변 초지
갈매기류, 도요·물떼새류, 할미새류, 섬참새, 흑비둘기 등

4 현포항: 항구 주변과 마을과 산림
갈매기류, 흰줄박이오리, 아비류, 흑비둘기, 섬참새 등

5 독도: 동도 경비대 주변과 서도 물골 주변
괭이갈매기, 이동 시기의 참새목 조류 등

아래 QR 코드를 스캔하면 탐조 코스 지도 앱으로 연결됩니다.

네이버

카카오

추천 탐조 시기

★★			★						★★		
1	2	3	4	5	6	7	8	9	10	11	12

주요 관찰 대상

겨울 철새

가마우지류,
갈매기류,
잠수성 오리류 등

여름 철새

괭이갈매기,
흑비둘기,
섬참새 등

찾아 가는 길

울릉도 가는 배는 강릉, 동해, 울진, 포항에서 출항한다. 출발지마다 소요 시간이 다르지만 보통 3시간 이상 걸린다. 여객선 예약 누리집 '가보고 싶은 섬(http://island.haewoon.co.kr)'이나 지역별 여객터미널에서 예약하는 것이 필수다. 울릉도 탐조는 도보나 대중교통으로는 쉽지 않다. 렌터카로 이동하는 것을 추천하며, 2018년 섬 일주 도로가 완성되어 드라이브하기도 좋다. 독도는 울릉도 저동항, 도동항, 사동항에서 출항하는 배가 있으며, 2시간 정도 소요된다. 기상에 따라 일 년에 60일 정도만 배가 출항한다. 울릉도는 12월부터 2월까지 대부분 숙박 업소와 상가가 운영을 하지 않으니 사전에 정보를 확인하고 가야 한다.

저동항

태하항 갈매기 무리

태하천 인근 흑비둘기 서식지

©김우열

현포항과 마을 전경

독도 파노라마

경상권 추천 탐조지

경상북도

64 해평 (구미시)	추천 시기 및 관찰 대상	겨울: 오리·기러기류, 맹금류, 물떼새류, 갈매기류, 산새류 등
	추천 장소	일선교~숭선대교 구간
	찾아가기	숭선대교 동쪽 임시주차장(구미시 해평면 해평리 470-8)
	이동 수단	자전거, 개인 차량
	탐조 안내	낙동강 중류에 속하는 이곳은 사구와 배후 습지가 발달해 다양한 물새류가 오간다. 재두루미, 큰고니 같은 천연기념물을 비롯해 흰꼬리수리, 말똥가리, 잿빛개구리매 같은 맹금류와 청둥오리, 흰뺨검둥오리, 큰기러기 등을 볼 수 있다. 내륙의 철새 도래지로 예전에는 흑두루미의 중간기착지로 유명했던 곳이다. 그러나 최근 습지가 많이 훼손되어 흑두루미는 더 이상 찾아오지 않으며 다른 새도 점점 줄고 있다.
65 영덕~울진 해안	추천 시기 및 관찰 대상	겨울: 논병아리류, 아비류, 잠수성 오리류, 갈매기류 등 해양성 물새류 봄·가을: 도요·물떼새류 등 여름: 흰물떼새, 쇠제비갈매기 등 번식 조류
	추천 장소	강구항, 고래불 사구, 축산항, 후포항, 죽변항 등
	찾아가기	강구항
	이동 수단	개인 차량
	탐조 안내	겨울철에 강구항에서 출발해 축산항, 후포항, 죽변항 주변 해안을 둘러보면 높은 파도를 피해 항구 가까이로 온 바다오리류, 논병아리류, 아비류를 관찰할 수 있다. 강구항에는 갈매기류가 많지만 교통량이 많아 느긋하게 새를 보기가 어렵다. 봄·가을 이동 시기에 고래불 사구의 백록천과 송천 하류의 사구에서는 도요·물떼새류가 자주 관찰되고 여름에는 흰물떼새, 쇠제비갈매기 등이 번식하기도 한다.
66 연호공원 (울진군)	추천 시기 및 관찰 대상	겨울: 큰고니, 오리류 등 봄·여름: 개개비 등 번식 조류
	추천 장소	공원 전역
	찾아가기	공원 주차장
	이동 수단	도보
	탐조 안내	2007년에 완공된 호수공원이다. 저수지가 많지 않은 동해안에서 큰고니를 만날 수 있는 몇 안 되는 곳이다. 겨울철에는 큰고니, 흰뺨검둥오리, 청둥오리가 한가롭게 쉬면서 먹이를 먹는다. 여름철에는 공원 주변에서 번식하는 개개비를 비롯해 다양한 철새를 만날 수 있다.

경상남도		
67 갈사만 (하동군)	추천 시기 및 관찰 대상	겨울: 오리·기러기류, 저어새류, 백로류, 맹금류, 도요·물떼새류, 갈매기류, 산새류 등
	추천 장소	갈사만 해안 및 주변 개활지
	찾아가기	연막마을(하동군 금성면 갈사리 1234)
	이동 수단	개인 차량
	탐조 안내	천연기념물인 흑기러기의 아시아 최대 월동지로 유명했으나 지금은 거의 찾아오지 않는다. 연막마을 항구를 시작으로 동쪽으로 이동하면서 해안가와 주변 개활지 등을 살펴보면 다양한 오리·기러기류와 맹금류를 만날 수 있다. 다만 주변 개발로 서식 환경이 자주 바뀌어 볼 수 있는 새가 줄어들고 있다.
68 화포천 (김해시)	추천 시기 및 관찰 대상	겨울: 오리·기러기류, 맹금류(독수리 등), 산새류 등
	추천 장소	공원 주변 전역
	찾아가기	화포천습지생태공원
	이동 수단	도보
	탐조 안내	화포천 습지는 낙동강 배후 자연습지이고, 2018년에 습지보호지역으로 지정되었다. 공원을 중심으로 산책하듯 주변을 둘러보면 된다. 습지에는 큰고니를 비롯해 다양한 오리·기러기류가 지내며, 독수리도 가까이에서 볼 수 있다. 공원 주변에서는 딱다구리류와 지빠귀류 등 산새류도 쉽게 만날 수 있다.
69 소매물도 (거제시)	추천 시기 및 관찰 대상	봄·가을: 산새류, 맹금류 등
	추천 장소	섬 전역
	찾아가기	매물도여객선터미널(저구항)
	이동 수단	도보
	탐조 안내	서해 섬들 못지않게 봄·가을 이동 시기에 철새의 중요한 쉼터가 되는 곳이다. 다양한 산새류와 왕새매, 붉은배새매 등의 이동을 관찰할 수 있다.
70 거제도 남부	추천 시기 및 관찰 대상	봄·가을: 맹금류, 칼새, 제비, 도요·물떼새류, 산새류 등 여름: 팔색조, 긴꼬리딱새, 뻐꾸기류, 산새류 등
	추천 장소	학동리, 다대리, 홍포 주변 산림 및 해안
	찾아가기	거제시 동부면 학동리 660-1번지
	이동 수단	개인 차량
	탐조 안내	거제 학동리 동백나무 숲 및 팔색조 번식지는 천연기념물로 지정되었다. 학동리, 다대리 등 계곡 지역은 제주도를 제외하고 우리나라에서 팔색조와 긴꼬리딱새를 가장 많이 볼 수 있는 곳이다. 해안가 저지대에서는 두견이 소리도 어렵지 않게 들을 수 있다. 봄·가을 이동기에 홍포에서는 상공을 지나가는 벌매 무리와 제비, 귀제비, 칼새 등도 만날 수 있다. 해안에서는 도요·물떼새도 볼 수 있다.

전라권

● 핵심 탐조지
● 추천 탐조지

71 어청도
군산
89
완주
90
김제
전라북도
변산반도 국립공원
정읍
72
88
내장산 국립공원
고창
남원
85
곡성
영광
86 지리산 국립공원
무등산 국립공원
광주
87
화순
나주
82
81
무안
순천
목포
전라남도
80
79
75
여수
77 홍도
76 흑산도
73
강진
84
74
고흥
해남
83
진도
완도
78 가거도

▶ 맑은 물빛으로 새들을 비추는 곳

71 어청도

전라북도 군산시 옥도면에 속하는 어청도는 면적 1.71㎢ 정도의 작은 섬이다. 군산항에서 북서쪽으로 약 64㎞ 떨어져 전라북도 가장 서쪽에 자리한다. 어청도처럼 먼 바다에 있는 섬은 장거리를 이동하는 철새가 잠시 들러 쉬어 갈 수 있는 곳이다. 어청도는 봄·가을 이동 시기에 날아오는 철새의 중간기착지이며, 특히 새들이 짧은 기간 동안 집중적으로 이동하는 봄철에는 운이 좋다면 하루에 100종 이상도 만날 수 있다. 거울처럼 물이 맑아 어청도라 불리며, 아름다운 풍경과 함께 하얀 등대가 유명하다. 어청도 등대는 일제 강점기인 1912년 3월에 세워졌고 100년 넘게 어청도 바다를 지켜 왔으며 현재 우리나라 서해안의 남북 항로를 지나는 모든 선박의 길라잡이가 되어 준다.

어청도는 지금은 텃새가 된 검은이마직박구리를 비롯해 붉은가슴흰꼬리딱새, 흰턱제비, 회색머리딱새, 바위산제비 등 국내 미기록종이 여럿 관찰되어 탐조인의 마음을 들뜨게 한 곳이다. 2021년 5월에는 까치딱새도 관찰되었다.
가을철에는 하루에 볼 수 있는 종으로만 따지면 봄철에 비해 적지만 시기 전체로 보면 다양한 새가 오간다. 특히 벌매를 포함한 새매, 참매, 왕새매 등 이동하는 맹금류를 관찰할 수 있다.
마을 주변이 모두 핵심 탐조 지점이라고 할 수 있다. 선착장에서 출발해 북쪽으로 가면서 마을 뒤편 야산과 교회 주변 초지, 하천 및 해안가, 어청도초등학교 주변 숲 등을 구석구석 살펴보자.
어청도 교회 주변에는 다양한 멧새류, 울새류 등이 찾아오고 산 가장자리에서는 솔새류, 지빠귀류 등을 볼 수 있다. 할미새류와 밭종다리류, 도요류 등을 만나고 싶을 때는 교회 바로 옆 하천 주변을 둘러보면 된다.
마을 뒤편 산과 어청도초등학교 주변에서는 솔새사촌, 휘파람새 등 휘파람새 종류와 흰꼬리딱새, 쇠솔딱새, 제비딱새 등 솔딱새류, 호랑지빠귀, 흰배지빠귀 등 지빠귀류, 밀화부리, 큰부리밀화부리, 붉은양진이 등 되새류, 붉은부리찌르레기, 북방쇠찌르레기 등 찌르레기류, 검은머리촉새, 흰배멧새, 쇠붉은뺨멧새 등 멧새류를 볼 수 있으며 맞은편 공터에서는 할미새류, 밭종다리류, 종다리류, 솔새류 등을 만날 수 있다.

조롱이
군함조

검은이마직박구리

검은지빠귀

큰밭종다리

저수지와 발전소 주변에서는 흰날개해오라기 같은 백로류와 솔딱새류 등이 관찰되며 개체수는 적지만 도요류도 가끔씩 찾아온다. 밭종다리류나 할미새류도 종종 보이며, 나무밭종다리처럼 우리나라에서 관찰 기록이 적은 종이 나타나기도 한다.

조금 더 산 중턱으로 올라가면 팔각정이 나오고 더 안쪽으로 들어가면 길 끝에 어청도 등대가 있다. 이곳에서는 직박구리, 박새 등 텃새류와 하늘을 비행하는 칼새류, 제비류를 만날 수 있다. 벌매를 비롯한 물수리, 솔개, 말똥가리, 새매, 참매, 황조롱이, 매, 새호리기 등 다양한 맹금류를 볼 수 있다. 특히 가을철에는 중국으로 향하는 맹금류를 살펴보는 것도 흥미롭다. 걸어가면서 좌우로 산림 가장자리도 살펴보자. 운이 좋으면 꼬까직박구리도 만날 수 있고, 솔딱새류도 심심치 않게 보인다.

마을 큰길을 따라 동쪽 해안으로 가면 해안 탐방로가 나온다. 이곳을 산책하듯 걷다 보면 산 가장자리에서 황금새, 흰꼬리딱새, 쇠솔딱새, 울새 등 솔딱새류와 다양한 지빠귀과, 휘파람새과 종류가 나타난다. 탐방로 중간에 북쪽 산 능선으로 올라가는 계단이 있다. 여기에서는 다양한 맹금류나 박새, 동박새 같은 작은 산새가 종종 보인다.

체력이 남는다면 마을 남쪽 공터도 한번 둘러보자. 검은꼬리사막딱새, 군함조 같은 희귀 조류가 관찰된 지역이고, 밭종다리류나 솔새류도 가끔 만날 수 있다.

검은꼬리사막딱새

나무밭종다리

물레새

붉은배지빠귀

꼬까직박구리

핵심 탐조 지점

1 마을 주변: 어청도 교회, 해안가, 옆쪽 하천, 마을 뒤편 초지, 어청도초등학교 등
백로류, 도요류, 할미새류, 밭종다리류, 박새류, 개개비류, 솔새류, 솔딱새류, 울새류, 지빠귀류, 멧새류, 되새류, 찌르레기류 등

2 저수지~팔각정: 저수지 내부와 발전소 주변 수풀, 팔각정 올라가는 길 양쪽의 산림 가장자리
백로류, 오리류, 도요류, 갈매기류, 개개비류, 박새류, 솔딱새류, 멧새류, 꼬까직박구리 등

3 팔각정과 등대: 팔각정과 등대 주변 및 사잇길의 산림 가장자리
맹금류, 칼새류, 제비류, 박새류, 멧새류 등

4 동쪽 해안 탐방로: 시작점에서 끝까지 산림 가장자리, 능선으로 올라가는 길 주변
맹금류(벌매, 매 등), 비둘기류, 때까치류, 박새류, 개개비류, 솔새류, 지빠귀류, 솔딱새류, 되새류, 멧새류 등

5 마을 남쪽 공터: 어청도 항구부터 남쪽 방파제 사이의 개활지와 산림
바다직박구리, 할미새류, 밭종다리류, 멧새류 등

아래 QR 코드를 스캔하면 탐조 코스 지도 앱으로 연결됩니다.

네이버

카카오

추천 탐조 시기

1	2	3	4	5	6	7	8	9	10	11	12
			★★					★★		★	

주요 관찰 대상	
나그네새	**나그네새**
	산새류, 맹금류 등
	통과 철새

찾아 가는 길

'군산항 여객터미널'에서 여객선을 이용한다. 어청도까지 2시간 반 정도 소요된다. 섬은 상황에 따라 운행 시간이 변경될 수 있어 여객선 예약 누리집 '가보고 싶은 섬(http://island.haewoon.co.kr)'에서 꼭 확인하고 예약해야 한다.

어청도 전체 전경

어청도 교회 주변 마을

어청도초등학교 주변

팔각정

72 고창 갯벌

고창은 지역 전체가 2013년 5월에 유네스코 생물권보전지역으로 지정되었다. 또한 부안을 포함한 갯벌 지역은 2010년 2월에 습지와 생물다양성 보전을 위한 람사르습지로 지정되었다. 람사르 고창갯벌센터에서는 다양한 생태 교육을 진행하며, 주변에는 선운산도립공원이 있어 고창 전체가 생태 도시라고 해도 과언이 아니다.

서쪽 동호항부터 가장 상류인 상포와 후포 지역까지 해안선을 따라 이동하면 된다. 겨울철에는 오리·기러기류, 논병아리류, 백로류, 맹금류, 도요새류, 갈매기류, 할미새류, 멧새류를 볼 수 있다. 때때로 멸종위기 야생생물 Ⅰ급인 황새, Ⅱ급인 노랑부리저어새, 흑두루미, 검은머리물떼새, 독수리 등도 보인다. 특히 상류에서는 오리류를 관찰하기가 좋다.
봄·가을 이동 시기에는 수는 적지만 다양한 도요·물떼새류를 만날 수 있다. 멸종위기 야생생물 Ⅱ급인 검은머리물떼새, 알락꼬리마도요도 볼 수 있다. 이른 봄까지 남쪽에서는 관찰하기 힘든 황오리가 종종 나타나며 간혹 멸종위기 야생생물 Ⅰ급인 저어새가 보이기도 한다.
동림저수지는 겨울에 반드시 들러야 하는 곳이다. 예전에는 금강 하구나 고천암호를 주로 찾던 가창오리 무리가 최근에는 이곳에서 자주 보이기 때문이다. 운이 좋다면 해 질 녘에 가창오리의 멋진 군무를 감상할 수 있다.
이른 아침에는 선운사도 추천한다. 희귀한 새를 만나기는 어렵지만 새소리를 들으며 걷다가 작은 산새류를 만나는 즐거움도 크다.

황오리

알락꼬리마도요
홍머리오리
청다리도요
논병아리
흑두루미
물닭

노랑부리백로

핵심 탐조 지점

1 동호리 갯벌: 동호해수욕장 가기 전 방파제 앞쪽 갯벌 전역
오리류, 논병아리류, 백로류, 도요류, 갈매기류 등

2 해리천 습지: 해리천 수문 안쪽 습지
오리류, 논병아리류, 황새, 백로류, 도요류, 갈매기류 등

3 서해안 바람공원 갯벌: 서해안 바람공원과 서쪽 도로 사이의 주차장 부근 갯벌 전역
오리류, 백로류, 도요·물떼새류, 갈매기류 등

4 람사르 고창갯벌센터: 센터 앞 갯벌 및 습지
오리류, 논병아리류, 백로류, 도요류, 갈매기류 등

5 상포마을 갯벌: 갯벌 및 주변 농경지
오리류, 황새, 저어새, 노랑부리저어새, 백로류, 도요·물떼새류, 갈매기류 등

6 후포마을 하천: 하천 입구에서 상류까지 주변 하천 습지 및 농경지
오리류, 논병아리류, 노랑부리저어새, 백로류, 맹금류 등

7 동림저수지: 저수지 북쪽 제방 및 마을 안쪽
오리·기러기류(가창오리 등), 백로류 등

8 선운산 생태숲: 선운산도립공원 입구에서 선운사로 올라가는 길
텃새로 서식하는 작은 산새류 등

아래 QR 코드를 스캔하면 탐조 코스 지도 앱으로 연결됩니다.

네이버

카카오

추천 탐조 시기

<table>
<tr><td colspan="2">★★</td><td>★</td><td colspan="2">★★</td><td></td><td></td><td>★</td><td colspan="4">★★</td></tr>
<tr><td>1</td><td>2</td><td>3</td><td>4</td><td>5</td><td>6</td><td>7</td><td>8</td><td>9</td><td>10</td><td>11</td><td>12</td></tr>
</table>

주요 관찰 대상

겨울 철새

오리·기러기류, 백로류, 갈매기류, 맹금류, 작은 산새류 등

나그네새

도요·물떼새류 등

찾아가는 길

동호리 갯벌 또는 그 반대인 후포마을 하천을 출발점으로 해서 해안로를 따라 이동하는 것이 좋다. 참고로 핵심 탐조 지점 ①번은 해리면 동호리 772, ②번은 해리면 금평리 730-13, ③번은 심원면 고전리 1980-8, ④번은 람사르 고창갯벌센터, ⑤번은 부안면 석암신농원길 187-12, ⑥번은 부안면 수앙리 1265, ⑦번은 성내면 신성리 산10-17, 산115-5, ⑧번은 선운산도립공원 주차장을 검색해 이동하면 편리하다.

서해안 바람공원 갯벌

람사르 고창갯벌센터

후포마을 하천

선운산 생태숲

▶ 겨울새가 쉬어 가는 땅끝 호수

73 영암호·금호호

전라남도 남서부 땅끝마을 해남과 영암에 걸쳐 있는 호수다. 두 호수 사이에는 매우 넓은 간척지가, 호수 주변에는 무성한 갈대밭이 있어 새들이 먹이를 찾거나 몸을 숨기기에 알맞다. 특히 소랑섬(뜬섬)에 있는 일부 농경지는 생물다양성 협약에 따라 큰기러기, 흑두루미, 재두루미를 비롯한 철새의 안정적인 먹이터, 쉼터로 관리된다. 또한 영암호와 금호호 부근은 조수보호지역이기에 밀렵을 포함한 수렵이 금지되어 새들이 더욱 안전하게 지낼 수 있다. 금호호 방조제 상류로 올라가면 우항리 공룡 화석지가 있어 백악기 공룡 발자국 화석도 볼 수 있고, 해남공룡박물관에는 조류생태관이 함께 있어 새를 이해하는 데에도 도움이 된다.

잿빛개구리매

차를 이용하지 않으면 탐조가 불가능할 정도로 넓으므로 주요 지점 몇 군데만 선택해 차량으로 이동하며 관찰하는 것이 좋다. 우선 영암호 방조제 근처에 있는 해남광장 휴게소를 찾아가자. 이곳에서 장비를 점검하고 그날 상황에 맞춰 동선을 짠 뒤에 탐조를 시작한다. 영암호 북쪽과 금호호 남쪽에도 새가 많지만 두 호수 사이에 있는 간척지를 중심으로 관찰하는 것이 효율적이다. 여기서는 논병아리류, 오리류, 갈매기류를 볼 수 있다.

영암호 중류의 연락 수로와 남쪽 상류에서는 주로 큰고니를 비롯한 오리·기러기류를 볼 수 있으며 다양한 맹금류도 관찰할 수 있다. 운이 좋으면 가창오리 무리, 멸종위기 야생생물 Ⅰ급인 황새와 Ⅱ급인 노랑부리저어새도 만날 수 있다. 최근에는 소랑섬(뜬섬)에도 가창오리 무리와 큰고니, 큰기러기, 흑두루미, 재두루미, 다양한 맹금류가 많이 보이니 꼭 들러 보자.

금호호 주변 하천과 농경지에도 많은 오리·기러기류와 다양한 물새류, 맹금류가 나타난다. 영산강 중류에서 간척지를 가로지르는 금호호 쪽 하천과 상류 지역도 빼놓을 수 없는 탐조지다. 가끔 물수리, 독수리, 흰꼬리수리, 잿빛개구리매, 말똥가리 같은 맹금류가 날아다니는 모습이 보이며, 운이 좋으면 검독수리, 쇠황조롱이, 흰죽지수리도 만날 수 있다.

금호호 방조제의 금호도 입구에서는 오리류, 논병아리류, 갈매기류를 가까이에서 관찰할 수 있다. 혹시 시간이 남는다면 금호호 서쪽 화원면 주변 농경지도 살펴보자. 중대형 맹금류는 워낙 수가 적기는 하지만 흰꼬리수리, 검독수리, 흰죽지수리, 잿빛개구리매, 큰말똥가리, 참매 등을 만날 확률이 높은 곳이다.

황새

흰죽지수리

쇠황조롱이

매

큰말똥가리

핵심 탐조 지점

1 해남광장 휴게소: 주차장 근처 양쪽 물가
오리류, 논병아리류, 갈매기류 등

2 영암호 중류 하천: 하천과 호숫가, 농경지 주변
오리·기러기류(큰고니와 가창오리 등), 기타 물새류, 맹금류 등

3 영암호 남측 상류: 농경지와 호숫가, 주변 소하천
오리·기러기류, 맹금류 등

4 소랑섬(뜬섬): 섬 내부 간척지와 주변 호숫가
오리·기러기류(큰고니, 가창오리 등), 노랑부리저어새와 황새, 맹금류(흰꼬리수리, 잿빛개구리매 등)

5 금호호 상류: 상류 주변 습지와 농경지
오리·기러기류(큰고니 등), 노랑부리저어새, 황새 등

6 예동교 아래 하천: 예동교를 중심으로 남쪽으로 이어진 하천 주변
오리·기러기류와 기타 물새류 등

7 금호호 중류 하천: 하천과 호숫가, 농경지 주변
오리·기러기류와 기타 물새류, 맹금류 등

8 금호도 입구: 금호갑문에서 산두길로 들어가는 입구 주변 물가
오리류, 논병아리류, 갈매기류 등

9 화원면 주변 농경지: 물가와 인접한 농경지 전역
맹금류(흰죽지수리, 흰꼬리수리, 검독수리, 큰말똥가리, 잿빛개구리매, 참매 등)

아래 QR 코드를 스캔하면 탐조 코스 지도 앱으로 연결됩니다.

네이버

카카오

추천 탐조 시기

★★		★								★	★★
1	2	3	4	5	6	7	8	9	10	11	12

주요 관찰 대상

겨울 철새

오리·기러기류,

백로류,

갈매기류,

맹금류 등

찾아 가는 길

영암호와 금호호, 그사이 간척지는 지역이 워낙 넓어 사전에 위치를 파악하고 포장된 도로를 기준으로 이동하는 것이 안전하다. 핵심 탐조 지점 ①번은 해남광장휴게소, ②번은 산이면 대진리 1113, ③번은 산이면 금송리 1345, ④번은 마산면 연구리 2250, ⑤번은 황산면 연호리 1360, ⑥번은 산이면 예정리 1117, ⑦번은 산이면 진산리 1163, ⑧번은 산이면 금호리 1085-6, ⑨번은 화원면 청용리 740을 검색해 이동한 뒤에 살펴본다.

영암호 중류 하천

소랑섬

금호도 입구

화원면 주변 농경지

▶ 큰고니와 어우러지는 가족 탐조지

74 강진만

전라남도 강진군에 속하며 해남과 장흥 사이에서 안쪽으로 깊숙하게 들어서 있다. 탐진강을 비롯해 여러 하천과 연결되며 주변에는 농경지와 간척지가 펼쳐진다. 강진만 가장 북쪽, 탐진강과 만나면서 기수역이 넓게 형성된 곳에 강진만 생태공원이 있다. 이곳에 있는 습지는 생물다양성이 풍부해 습지보호지역으로 지정되었으며 주변에 넓은 농경지와 야산, 소하천 등 여러 환경이 어우러져 있어 새를 비롯한 다양한 생물이 서식한다. 특히 겨울철에는 큰고니가 2,000마리 이상 머물며, 혹부리오리와 흰죽지를 포함한 오리류도 많이 찾아온다. 기러기류, 백로류, 갈매기류 등도 가까이에서 관찰할 수 있다. 강진만 근처에는 정약용 선생의 업적을 기리는 다산박물관, 고려청자박물관, 한국민화뮤지엄 등 다양한 문화 관람 시설도 있어 탐조는 물론 가족 나들이로 찾기에도 알맞다.

남포호 전망대에 올라가면 강진만 습지 전체를 한눈에 바라볼 수 있다. 아침에는 해가 반대편에 있어 역광 때문에 새를 관찰하기 힘들 수도 있다. 그럴 때는 생태탐방로를 따라 반대편으로 이동하자. 큰고니 대형 조형물이 있는 곳에서 관찰하면 된다. 약 20만 평에 이르는 갈대 군락지 사이에도 생태탐방로가 있어 갈대숲 사이를 걸으며 작은 산새류도 심심치 않게 관찰할 수 있다.

강진만 동쪽과 서쪽에는 해안 도로가 잘 나 있어 여행 삼아 둘러보는 것도 좋다. 지형 특성상 햇빛을 많이 받을 수 있으니 오전에는 동쪽에서 서쪽으로, 오후에는 그 반대로 탐조하는 것을 추천한다. 동쪽 해안로에서는 종종 멸종위기 야생생물 II급인 노랑부리저어새가 먹이 잡는 장면을 볼 수 있고, 멸종위기 야생생물 I급인 저어새도 간혹 보인다.

서쪽 해안 도로에서는 덕남항으로 내려가기 약 300미터 전에 있는 주차장에서 탐조한다. 큰고니 무리를 관찰할 수 있고, 노랑부리저어새도 종종 만날 수 있다. 강진만 서쪽 가장 남단에 있는 사내호 간척지도 탐조 포인트다. 호수 가장자리에는 다양한 오리류가 살며, 이따금 물수리가 물고기를 사냥하는 모습도 볼 수 있다.

혹부리오리

흰죽지와 물닭

큰고니

노랑부리저어새

물수리

북방검은머리쑥새

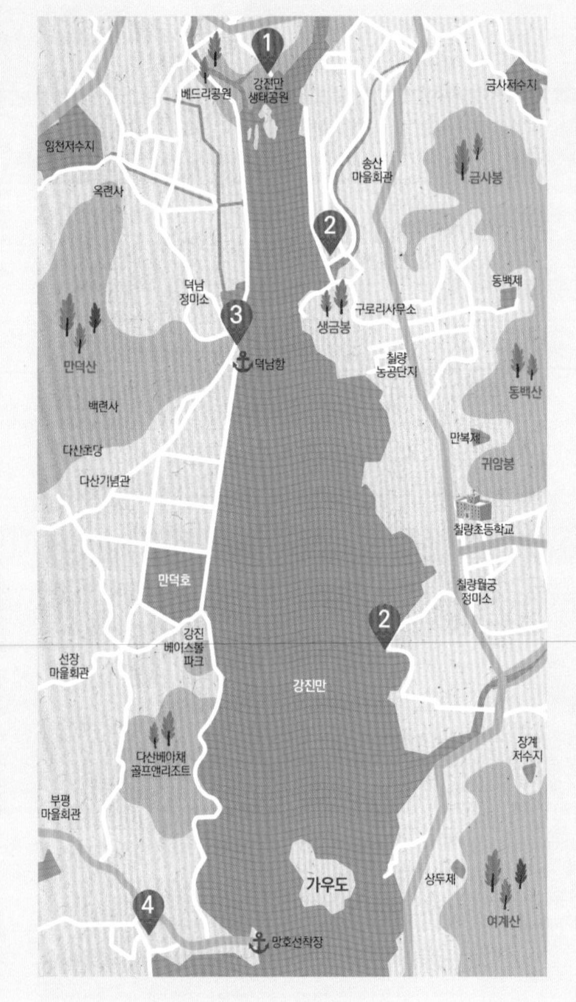

핵심 탐조 지점

1 강진만 생태공원: 남포호 전망대 주변, 생태탐방로 주변 갈대밭 및 갯벌 등
논병아리류, 오리·기러기류(큰고니, 큰기러기, 혹부리오리, 흰뺨검둥오리 등), 노랑부리저어새, 백로류, 도요·물떼새류, 갈매기류, 개개비류, 밭종다리류, 할미새류, 멧새류 등

2 동쪽 해안 도로: 강진봉황옹기 앞 해안가, 해안 도로 주변 해안가와 마을
노랑부리저어새, 백로류, 오리류, 검은머리물떼새, 도요류, 갈매기류 등

3 서쪽 해안 도로: 덕남항 앞 해안가, 해안 대로 주변 해안가와 주변 농경지, 간척지 등
큰고니, 잠수성 오리류(흰죽지, 댕기흰죽지 등), 백로류, 도요·물떼새류, 박새류, 지빠귀류, 밭종다리류, 할미새류, 멧새류 등

4 사내호: 호수 가장자리, 주변 산림 및 농경지
논병아리류, 민물가마우지, 오리류, 맹금류(말똥가리, 황조롱이, 물수리 등), 갈매기류, 산새류(때까치, 박새, 오목눈이 등)

아래 QR 코드를 스캔하면 탐조 코스 지도 앱으로 연결됩니다.

네이버

카카오

추천 탐조 시기

★★		★								★	★★
1	2	3	4	5	6	7	8	9	10	11	12

주요 관찰 대상	**겨울 철새**
	오리·기러기류
	(큰고니,
	혹부리오리,
	흰죽지 등)

찾아 가는 길

'강진만 생태공원'을 검색해 축구장 주변 주차장으로 간 다음, 생태탐방로를 걸으며 이동한다. 동쪽 해안 도로는 '칠량면 봉황리 168-40'을 검색해 내려가면서 사이사이에 있는 마을 해안가로 이동한다. 서쪽 해안 도로는 덕남항 근처 '도암면 만덕리 6-37'로 간 다음, 그곳에서 남쪽 사내호 방향으로 해안 도로를 따라 이동하면 된다.

강진만 전경

강진만 서쪽 해안(덕진항 주변)

생태공원 탐방로

흑두루미와 함께 이루는 갯벌의 하모니

75 순천만

고흥반도와 여수반도 사이에 형성된 만이다. 드넓은 갯벌이 펼쳐지며 거대한 갈대 군락과 S자로 흐르는 물길이 어우러진 풍경이 아름답다. 2003년 12월에 습지보존지역으로 지정되었다. 2006년 1월 20일에는 연안습지로는 전국 최초로 람사르협약에 등록되었다. 또한 2008년 6월 16일에 명승 제41호로, 2015년에는 대한민국 제1호 국가정원으로도 지정되었다. 갯벌 생태계가 잘 보전된 지역인 만큼 먹이가 많아 250종 이상 새가 찾아온다. 특히 멸종위기 야생생물 Ⅱ급이자 천연기념물인 흑두루미의 국내 최대 월동지이기도 하다. 생태 경관이 아름답고 생물다양성이 풍부한 곳이니만큼 이를 알리고 공부할 수 있는 자연생태관이 있다. 탐조를 마치고 순천만 국가정원도 함께 들러 보기를 추천한다.

혹부리오리의 아름다운 비행이 순천만의 아침을 연다.

겨울철에는 큰고니, 큰기러기, 쇠기러기 등 기러기류, 청둥오리, 고방오리, 흰죽지, 검은머리흰죽지 등 오리류, 노랑부리백로, 중대백로 등 백로류, 말똥가리, 새매, 참매 등 맹금류, 검은머리갈매기, 붉은부리갈매기 등 갈매기류, 검은머리물떼새, 개꿩, 민물도요 등 도요·물떼새류를 볼 수 있다.

순천만의 깃대종인 흑두루미 사이에서는 검은목두루미, 검은목두루미와 흑두루미의 잡종 개체, 캐나다두루미, 재두루미도 간혹 관찰된다. 주변 갈대숲에서는 검은머리쑥새류와 스윈호오목눈이 같은 작은 산새류를 볼 수 있다. 갈대숲 바람 소리에 묻어나는 스윈호오목눈이의 지저귐을 듣는 것도 탐조의 즐거움이다.

봄·가을 이동 시기에는 개꿩, 왕눈물떼새, 흰물떼새, 붉은어깨도요, 청다리도요, 노랑발도요, 큰뒷부리도요, 마도요 등 다양한 도요·물떼새를 볼 수 있다. 여름에는 개개비 소리 때문에 주변이 시끌벅적하다는 느낌마저 든다.

순천만 탐방로를 따라 걸으면서 새를 관찰하는 것도 즐겁다. 용산전망대는 올라가는 길이 만만치 않지만 오르는 동안 작은 산새들의 지저귐을 응원 소리처럼 들을 수 있다. 전망대에 오르면 순천만에서 가장 멋진 풍경인 S자 물길과 어우러진 일몰을 감상할 수 있다.

장산 갯벌에서는 우선 전망대가든으로 가서 순천만 전체를 보며 철새 규모와 위치 등을 파악하는 것이 좋다. 바닷물이 빠지는 시기에는 새들이 멀리 있기에 관찰하기 어려울 수 있다. 이곳에서는 흑두루미를 가까이에서 볼 수 있지만 자칫하면 흑두루미의 휴식을 방해할 수 있으니 조심스럽게 관찰하자.

흑두루미

혹부리오리

물때까치

중부리도요

스윈호오목눈이

긴발톱멧새

핵심 탐조 지점

1 순천만 습지 주변: 갈대숲 탐방로, 대대들녘, 안풍습지, 용산전망대 등
흑두루미, 노랑부리저어새, 갈매기류(검은머리갈매기 등), 오리·기러기류, 백로류, 도요·물떼새류, 맹금류(알락개구리매, 말똥가리 등), 작은 산새류 등

2 농주리 갯벌: 농주리 염습지, 노월마을 앞 갯벌
흑두루미, 백로류, 도요·물때새류 등

3 와온 해변: 와온 해변과 두봉교 사이의 동쪽 해안로 앞 갯벌
오리류(혹부리오리 등), 백로류(노랑부리백로 등), 도요·물떼새류(검은머리물떼새 등)

4 장산 갯벌: 폐염전 및 주변 갯벌
흑두루미, 노랑부리저어새, 검은머리갈매기, 오리·기러기류, 백로류, 도요·물떼새류 등

5 거차마을과 화포항: 거차마을에서 화포항까지의 해안로 앞 갯벌
오리류, 백로류, 도요·물떼새류, 갈매기류 등

아래 QR 코드를 스캔하면 탐조 코스 지도 앱으로 연결됩니다.

네이버

카카오

추천 탐조 시기

1	2	3	4	5	6	7	8	9	10	11	12
★★		★		★			★			★	★★

주요 관찰 대상

겨울 철새

흑두루미, 오리·기러기류, 백로류, 도요·물떼새류, 맹금류 등

찾아 가는 길

'순천만 습지'로 검색해 주차장에 도착하면 생태공원, 갈대숲 탐방로 등을 걸어서 둘러볼 수 있다. 입장료가 있으니 참고하자. 탐방로는 용산전망대까지 이어지지만 등산로처럼 경사가 있어 탐조 장비를 들고 가기는 만만치 않다. 농주리 갯벌은 '해룡면 농주리 141-2'를 검색해 주차한 후 걸어서 주변을 둘러본다. 와온 해변은 '와온항'을 시작으로 해안로를 따라 남쪽으로 '두봉교'까지 이동한다. 장산 갯벌은 '전망대가든'에서 갯벌 전체를 확인한 후, 북쪽으로 자전거 도로 입구까지 이동한다. 주차 공간이 따로 없으니 참고하자. 마지막으로 '거차항'과 '화포항'을 찾아가 그 사이의 해안가 갯벌을 둘러보면 된다.

순천만 갈대숲 탐방로

용산전망대에서 바라본 풍경

농주리 앞 갯벌

장산 갯벌

▶ 자산어보의 혼이 깃든 곳

76 흑산도

산과 바다가 푸르다 못해 검게 보인다고 해서 흑산도라는 이름이 붙었다. 면적 19.7㎢, 해안선 길이 4.8㎞, 인구 3,000명 이상으로 꽤 큰 섬이다. 정약전 선생이 유배 생활을 하며 『자산어보』를 쓴 곳으로 유명하다. 홍도, 다물도, 대둔도, 영산도 등과 함께 흑산군도를 이루며 다도해해상국립공원으로 일부 지정되었다. 홍도와 함께 철새의 대표 이동 경로인 한반도 서남부 해상에 있어 철새에게는 중요한 중간기착지이다. 2000년 이후 풀밭종다리, 집참새 등 국내 미기록종이 15종 이상 관찰되기도 했다. 국립공원연구원 조류연구센터가 있으며, 신안군에서는 철새전시관, 천사섬 새조각 공원도 운영한다.

도보로만 탐조한다면 북부 지역을 추천한다. 흑산도항에 내려 왼쪽으로 가면 예리마을이 있다. 마을 안으로 들어가 뒷산에 오르면 때까치류, 솔새류, 지빠귀류, 솔딱새류, 밭종다리류, 멧새류 등 섬에서 볼 수 있는 산새류 대부분을 만날 수 있다. 흑산도항에서 오른쪽으로 해안 도로를 따라 걸어가면서 새를 관찰하는 것도 좋다. 꽤 먼 거리지만 진리마을까지 걷다 보면 여러 산새류와 백로류, 갈매기류를 볼 수 있다.

흑비둘기 서식지인 사리와 진리 마을이 있는 남부 지역은 도보로는 탐조가 쉽지 않다. 섬 전체를 돌 수 있는 일주 도로가 있기에 차량이 있다면 수월하게 새를 관찰할 수 있다. 진리마을에는 홍도에서 확대, 이전한 국립공원연구원 조류연구센터가 있다. 센터에 들르면 연구자에게 그날 상황에 맞는 탐조 정보를 얻을 수 있다.

습지와 흑산초등학교 주변 및 하천, 인가 근처도 구석구석 살펴보자. 백로류, 도요새류, 때까치류, 개개비류, 솔새류, 찌르레기류, 솔딱새류, 할미새류, 밭종다리류, 되새류, 멧새류 등을 만날 수 있다. 새가 그리 많지는 않지만 해안가도 놓치지 않고 꼭 들러야 한다. 멸종위기 야생생물 Ⅰ급인 노랑부리백로가 간혹 보이기도 하고, 수는 적지만 가까이에서 도요·물떼새가 반겨줄 때도 있기 때문이다.

진리마을에서 고개 하나를 더 넘으면 배낭기미 습지가 나온다. 저수지 방향 산림 주변에서는 솔새류나 지빠귀류 등 다양한 산새류를 심심치 않게 만날 수 있고, 습지에서는 쉽게 모습을 드러내지 않는 뜸부기류와 붉은왜가리도 간혹 볼 수 있다. 맞은편 해안가에서도 노랑부리백로 같은 백로류나 도요·물떼새, 갈매기류를 만날 수 있다.

염주비둘기

풀밭종다리
옅은밭종다리
수염오목눈이
집참새
흰눈썹뜸부기
쇠뜸부기

핵심 탐조 지점

1 예리마을 언덕: 산림 가장자리와 초지, 흑산예리교회 뒤편 등

비둘기류, 때까치류, 개개비류, 솔새류, 찌르레기류, 지빠귀류, 솔딱새류, 밭종다리류, 멧새류

2 진리마을 전역: 조류연구센터와 흑산초등학교 주변 하천, 인가, 초지, 밭 등

백로류(노랑부리백로 등), 도요류, 때까치류, 개개비류, 솔새류, 찌르레기류, 솔딱새류, 할미새류, 밭종다리류, 되새류, 멧새류 등

3 배낭기미 습지: 습지 뒤편 저수지, 습지 주변, 맞은편 해안가 등

백로류(노랑부리백로 등), 맹금류, 갈매기류, 도요류, 박새류, 개개비류, 솔새류, 지빠귀류, 솔딱새류, 멧새류 등

아래 QR 코드를 스캔하면
탐조 코스 지도 앱으로 연결됩니다.

네이버

카카오

추천 탐조 시기

1	2	3	4	5	6	7	8	9	10	11	12
★			★★					★★		★	

주요 관찰 대상

나그네새

산새류, 맹금류 등 통과 철새

겨울 철새

오리류, 갈매기류 등 물새류

찾아 가는 길

목포연안여객터미널에서 여객선을 이용한다. 흑산도까지 2시간 시간 정도 소요된다. 섬은 상황에 따라 운행 시간이 변경될 수 있으니 여객선 예약 누리집 '가보고 싶은 섬(http://island.haewoon.co.kr)'에서 꼭 확인하고 예약해야 한다.

예리마을 언덕 초지

진리마을 조류연구센터 앞 습지

배낭기미 습지와 해안

▶ 서해에 빛나는 붉은 보석

77 홍도

해 질 녘 섬 전체가 붉게 보인다 해서 홍도라는 이름이 붙었다. 흑산도의 부속 섬이지만 1965년에 천연기념물, 1981년에 다도해해상국립공원으로 지정된 곳으로 해마다 관광객 수십만 명이 다녀간다. 목포에서 서쪽으로 약 115㎞ 떨어져 있으며 총 면적 약 6.87㎢, 해안선 길이는 약 20.8㎞이다. 흑산도와 마찬가지로 수많은 철새가 중간기착지로 삼는 곳이며 섬 면적이 좁아 철새를 관찰하기에 적절해 2005년에 우리나라에서 최초로 철새연구센터가 설립되기도 했다.

유명한 관광지라 새의 이동 시기인 봄·가을에는 사람도 많지만 섬이 작아 편하게 새를 관찰할 수 있는 곳이다. 선착장에서 마을 길을 따라 주변 야산이나 초지 등을 살피면서 전체 상황을 파악한다. 섬이 크지 않으므로 새를 관찰하지 않으면 전체를 둘러보는 데에 한 시간도 채 걸리지 않는다.
바다를 건너온 새들은 처음 만나는 섬 홍도에서 지친 날개를 쉰다. 흰꼬리딱새와 매우 비슷한 붉은가슴흰꼬리딱새가 관찰된 적이 있고, 붉은머리멧새, 부채꼬리바위딱새, 흰머리바위딱새, 큰점지빠귀, 회색바람까마귀 등 쉽게 만날 수 없는 새도 나타난다. 현재까지 홍도에서 확인된 새만 350종이 넘고 귤빛지빠귀, 꼬끼울새, 연노랑솔새 등 국내 미기록종도 10종 이상 관찰되었다.
봄·가을 이동 시기에는 섬 전체가 핵심 탐조 지점이라 할 만큼 수많은 새가 찾아온다. 특히 홍도분교 뒤편 초지와 남부교회, 우체국 뒤편, 양산봉 아래 밭 주변에 새가 많다. 양산봉 정상에서는 벌매, 왕새매 같은 맹금류도 비교적 수월하게 관찰할 수 있으며, 칼새류와 제비류도 많이 볼 수 있다. 시기와 기상 상황 등이 잘 맞으면 하루에 100종 가까이 만날 수도 있다.
물새가 보고 싶다면 선착장에서 하나로마트로 가는 길 안쪽 습지를 추천한다. 가만히 앉아 있으면 도요·물떼새가 찾아온다. 개체수는 많지 않지만 아주 가까이 다가오기에 자세히 관찰할 수 있다.

검은뺨딱새(수컷)

검은뺨딱새(암컷)

큰점지빠귀
회색바람까마귀
귤빛지빠귀
붉은머리멧새
꼬까울새
열대붉은해오라기

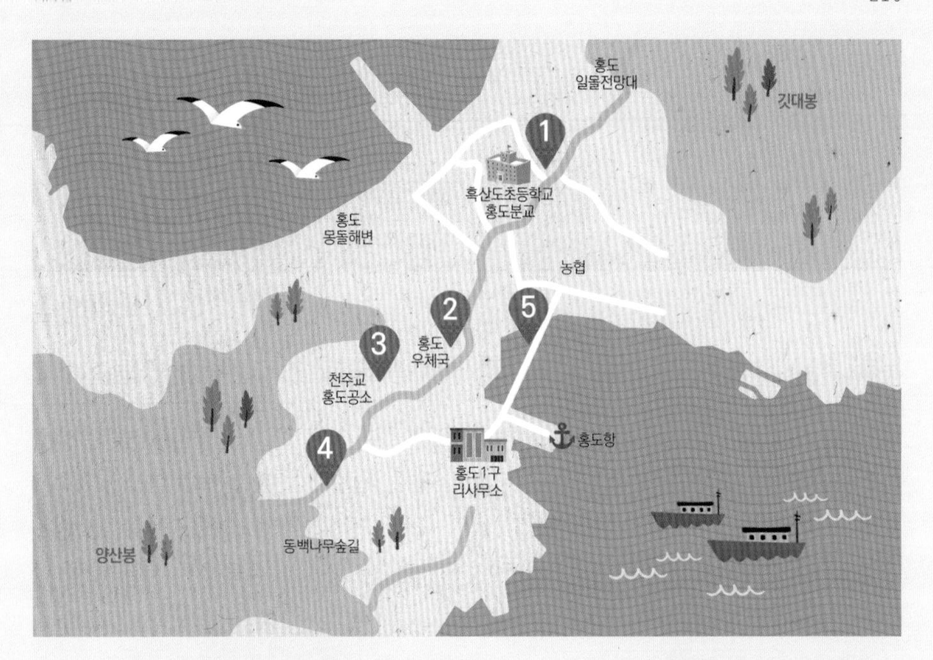

핵심 탐조 지점

1 홍도분교 초지: 주변 초지 및 탐방로 주변
할미새류, 밭종다리류, 울새류, 개개비류, 솔새류, 지빠귀류, 솔딱새류, 멧새류 등

2 남부교회: 교회 뒤편 산림 가장자리와 우체국 사이의 밭 등
종다리류, 밭종다리류, 솔새류, 지빠귀류, 솔딱새류, 멧새류 등

아래 QR 코드를 스캔하면 탐조 코스 지도 앱으로 연결됩니다.

네이버 카카오

3 성당 뒤편: 성당 주변의 산림 가장자리, 밭 등
지빠귀류, 솔새류, 딱새류, 할미새류 등

4 양산봉 아래 주변 산림: 정상으로 올라가는 길 주변 산림과 밭
맹금류, 칼새류, 제비류, 개개비류, 솔새류, 솔딱새류, 지빠귀류, 찌르레기류, 멧새류 등

5 선착장 안쪽 습지: 선착장 주변 물가 등
백로류, 도요·물떼새류, 할미새류, 밭종다리류

추천 탐조 시기

1	2	3	4	5	6	7	8	9	10	11	12
			★★	★★				★★	★★	★	

주요 관찰 대상

나그네새

산새류, 맹금류 등 통과 철새

찾아 가는 길

목포연안여객터미널에서 여객선을 이용한다. 홍도까지 2시간 반 정도 소요된다. 섬은 상황에 따라 운행 시간이 변경될 수 있으니 여객선 예약 누리집 '가보고 싶은 섬(http://island.haewoon.co.kr)'에서 꼭 확인하고 예약해야 한다.

홍도 전경

홍도분교 초지

선착장 안쪽 습지

예전 철새연구센터 건물

©고경남

▶ 한반도 최서남단에 우뚝 솟은 섬

78 가거도

목포에서 남서쪽으로 약 145㎞ 떨어진 곳에 있다. 워낙 멀리 떨어져 있는 탓에 한국 전쟁 당시에도 이곳 주민들은 그 사실을 몰랐다고 한다. 망망대해에 있는 섬이지만 신안군에서 가장 높은 독실산(639m)이 있어 마치 바다에 솟은 산처럼 보인다. 대부분 가파른 산지로 평지가 거의 없고 지형이 험하다. 면적은 약 9.18㎢이고, 해안선 길이는 약 22㎞이다. 아득히 먼 바다에 있는 만큼 봄·가을 이동 시기에 바다를 지나는 새들에게는 귀한 중간기착지가 된다.

검은바람까마귀

선착장과 가까운 대리마을은 주민 대부분이 거주하는 곳이어서 언뜻 새들이 편하게 지낼 만한 환경은 아닌 듯 보인다. 그러나 주변에 산림, 농경지, 초지, 해안 등이 있어 2~3일 사이에 100종 이상 새가 찾아오기도 한다. 특히 흑산면사무소 가거도출장소 뒤편 숲이나 초지, 쓰레기 처리장 등에서는 희귀한 새도 많이 나타난다. 대리마을 언덕을 넘어 가장 높은 곳에 오르면 대규모로 이동하는 왕새매를 비롯해 다양한 맹금류를 볼 수 있다.
대리마을에서 항리마을로 가는 길 곳곳에서는 작은 산새류를 볼 수 있다. 섬 자체가 후박나무 군락지일 만큼 후박나무가 많아서 흑비둘기도 살지만 쉽게 볼 수는 없다.
항리마을은 대리마을과 달리 사람이 거의 없고 넓은 초지가 펼쳐진다. 밭종다리류, 할미새류, 울새류, 멧새류를 비롯해 희귀한 새도 많이 만날 수 있다. 선착장이 있는 대리마을에서 항리마을까지 다 둘러보면 다양한 새를 만날 수 있지만, 항리마을까지 가는 길은 꽤 멀고 언덕도 많아 만만치 않으니 비상 식량을 챙기는 등 준비를 단단히 해야 한다.

흰눈썹울새

왕새매
할미새사촌
제비물떼새
흰날개해오라기
쇠부리도요
파랑딱새

핵심 탐조 지점

1 대리마을 뒤편: 흑산면사무소 가거도 출장소, 가거도 초등학교 주변
솔딱새류, 지빠귀류, 찌르레기류, 멧새류 등 다양한 산새류

2 쓰레기 처리장: 대리마을 서쪽의 쓰레기 매립장 주변
밭종다리류, 울새류, 개개비류, 솔새류, 멧새류 등 다양한 산새류

3 대리마을 언덕길 초지: 대리마을과 언덕길 사이 양쪽의 초지 및 산림 가장자리, 발전소 주변
백로류, 할미새류, 밭종다리류, 솔딱새류, 멧새류 등

4 대리마을 언덕 정상부: 항리마을 가기 전 언덕길 정상
맹금류, 칼새류, 제비류 등

5 언덕 정상~항리마을: 항리마을 가는 길과 항리마을 초지
비둘기류, 때까치류, 제비류, 박새류, 개개비류, 솔새류, 찌르레기류, 지빠귀류, 솔딱새류, 밭종다리류, 할미새류, 멧새류 등

아래 QR 코드를 스캔하면 탐조 코스 지도 앱으로 연결됩니다.

네이버

카카오

추천 탐조 시기

1	2	3	4	5	6	7	8	9	10	11	12
			★★					★★		★	

주요 관찰 대상	
	나그네새
	산새류, 맹금류 등
	통과 철새

찾아 가는 길

목포연안여객터미널에서 여객선을 이용한다. 가거도까지 4시간 정도 소요되며, 섬은 상황에 따라 운행 시간이 변경될 수 있으니 여객선 예약 누리집 '가보고 싶은 섬(http://island.haewoon.co.kr)'에서 꼭 확인하고 예약해야 한다.

대리마을

대리마을 언덕 정상에서 바라본 항리마을 가는 길

항리마을과 주변 초지

전라권 추천 탐조지

전라남도		
79 남항 습지 (목포시)	추천 시기 및 관찰 대상	겨울: 논병아리류, 오리류, 백로류, 갈매기류, 노랑부리저어새 등 봄·가을: 도요·물떼새류, 쇠제비갈매기 등
	추천 장소	남해하수처리장 탐조대 주변, 목포예술회관 전시관 앞 갯벌
	찾아가기	목포 남해하수처리장(목포시 용해동 951-1)
	이동 수단	개인 차량, 도보
	탐조 안내	목포 도심에 있으며 면적이 좁아 가까이에서 새를 관찰할 수 있는 곳이어서 초급 탐조인에게 적극 추천한다. 남해하수처리장 주변에 주차하고 산책 데크를 따라 탐조대까지 이동하면 된다. 탐조대 남쪽으로 내려가면 물가에서 쉬는 오리류를 볼 수 있다. 목포문화예술회관의 전시관 주차장까지 이동한 다음 맞은편에 있는 해안 데크로 가면 겨울에는 논병아리류, 오리류, 갈매기류를, 봄·가을 이동 시기에는 다양한 도요·물떼새류를 만날 수 있다.
80 압해도 (신안군)	추천 시기 및 관찰 대상	봄·가을: 백로류, 오리류, 저어새류, 도요·물떼새류 등 겨울: 오리·기러기류, 논병아리류, 저어새류, 백로류, 도요·물떼새류, 갈매기류, 산새류 등
	추천 장소	압해도 남단 갯벌(대천리 일대 갯벌 및 주변 습지, 하동서저수지)
	찾아가기	신안군 압해읍 대천리 133-8
	이동 수단	개인 차량, 자전거, 도보
	탐조 안내	봄·가을 이동 시기에 만나는 도요·물떼새류가 압권이다. 다른 지역 중간기착지에 비하면 찾아오는 수는 적으나, 다양한 종류가 한곳에 머물기에 관찰하기 좋다. 단, 모든 갯벌이 그렇지만 물때가 맞지 않으면 새를 거의 만나지 못할 수도 있다. 겨울에는 하동서저수지에서 시작해 서쪽으로, 봄과 가을에는 대섬 주변 갯벌부터 시작해 서쪽으로 이동하면 된다. 갯벌 반대편 습지에서는 저어새류, 발구지 등도 종종 만날 수 있다.
81 창포호 습지 (무안군)	추천 시기 및 관찰 대상	겨울: 오리·기러기류, 저어새, 논병아리류, 맹금류, 흑두루미, 도요·물떼새류, 산새류 봄·가을: 도요·물떼새류, 산새류
	추천 장소	톱머리항 남서쪽 갯벌, 무안골프장 위쪽 습지와 농경지
	찾아가기	무안군 청계면 서호리 928
	이동 수단	개인 차량
	탐조 안내	우리나라에서 가장 먼저 갯벌습지보호지역으로 지정된 갯벌과 하계천, 태봉천 하류 인공 습지가 있어 매우 다양한 새가 찾아온다. 봄·가을 이동 시기에 갯벌과 논에서는 도요·물떼새류가 보이고, 호수 주변 습지와 농경지 일대에서는 다양한 오리류와 장다리물떼새, 스윈호오목눈이, 알락해오라기, 저어새, 큰고니 등을 볼 수 있다. 낚시꾼이 많아 새들이 방해를 받는 점은 아쉽다.

82 지석천 (나주시)	추천 시기 및 관찰 대상	겨울: 오리류, 백로류, 맹금류, 도요·물떼새류, 다양한 산새류 등
	추천 장소	지석교 중심 하천 상·하류 및 주변 습지
	찾아가기	지석교
	이동 수단	개인 차량
	탐조 안내	전라남도 화순군에서 발원해 나주시를 거쳐 영산강으로 합류하는 하천이다. 겨울에 다양한 오리류와 산새류를 만날 수 있다. 특히 나주시 남평읍 오계리 지석교 주변에서는 호사비오리를 가까이서 관찰할 수 있다. 2000년대 후반 처음 관찰된 이후 매년 겨울 10~15마리가 이곳에서 월동한다. 단, 지석천은 폭이 넓지 않으므로 호사비오리에게 방해가 되지 않도록 매우 조심히 관찰해야 한다.
83 군내호 (진도군)	추천 시기 및 관찰 대상	겨울: 논병아리류, 오리·기러기류, 백로류, 맹금류, 산새류 등
	추천 장소	군내호 호수, 습지와 주변 농경지 등
	찾아가기	진도백조호수공원
	이동 수단	차량
	탐조 안내	고니류 도래지로 알려져 1962년에 천연기념물로 지정되었으나 최근에는 큰고니 소수만 관찰된다. 대신 큰기러기와 쇠기러기가 집단으로 월동하며, 많은 논병아리류도 이곳에서 겨울을 난다. 오리류 대부분을 볼 수 있고 간혹 흰꼬리수리, 흰죽지수리 등 대형 맹금류나 저어새류도 만날 수 있다.
84 고흥만 (고흥군)	추천 시기 및 관찰 대상	겨울: 논병아리류, 오리·기러기류(큰고니 등), 백로류, 맹금류, 산새류 등
	추천 장소	고흥만 호수, 습지와 주변 농경지 등
	찾아가기	고흥만방조제삼거리 아래 돈독끝
	이동 수단	개인 차량
	탐조 안내	면적이 넓지만 둘러보는 만큼 새를 많이 만날 수 있는 곳이다. 간척지에서는 겨울철 잠수성 오리류를 포함한 다양한 오리·기러기류를 만날 수 있다. 또한 흑두루미, 재두루미, 황새 등 멸종위기종을 비롯해 중·대형 맹금류도 자주 관찰된다. 방조제를 중심으로 동쪽에 있는 방조제삼거리 남쪽 습지와 농경지, 서쪽에 있는 고흥만방조제공원 남쪽 호수와 농경지를 둘러보자.
85 법성포 (영광군)	추천 시기 및 관찰 대상	겨울: 오리류, 논병아리류, 도요·물떼새류, 갈매기류, 산새류 등
	추천 장소	법성포 주변 백수읍 갯벌과 불갑천 하류
	찾아가기	영광군 백수읍 하사리 1874-7
	이동 수단	개인 차량, 도보
	탐조 안내	칠곡리 마을에서 시작해 와탄천까지 물길 옆 도로를 따라 이동하며 관찰한다. 칠곡리 마을 앞 물가에서는 오리류와 갈매기류를 가까이서 볼 수 있고, 노랑부리저어새도 가끔 나타난다. 마을 주변 산책로에서는 검은머리쑥새류, 스윈호오목눈이처럼 갈대숲을 좋아하는 산새류도 쉽게 만날 수 있다. 법성포 안쪽 와탄천에서도 오리류를 가까이서 볼 수 있고 도요·물떼새류도 종종 나타난다. 백수읍 갯벌에서는 봄과 가을에 도요·물떼새, 갈매기류, 저어새류 등이 보인다.

지점	항목	내용
86 천은사 (구례군)	추천 시기 및 관찰 대상	연중: 낭비둘기, 산새류 등
	추천 장소	천은사 주변
	찾아가기	천은사 주차장
	이동 수단	도보
	탐조 안내	멸종위기 야생생물 II급인 낭비둘기를 만날 수 있는 곳이다. 우리나라에는 100마리 미만이 사는 것으로 알려진다. 주로 사찰 현판 뒤편이나 처마 밑, 바위 절벽 등에 둥지를 튼다. 낭비둘기 외에도 동고비나 박새류, 되새류, 딱다구리류를 쉽게 볼 수 있다.

광주광역시

지점	항목	내용
87 영산강 상류	추천 시기 및 관찰 대상	겨울: 오리·기러기류, 논병아리류, 백로류, 맹금류, 도요·물떼새류, 산새류 등 봄·가을: 백로류, 도요·물떼새류, 산새류 등
	추천 장소	영산강 상류(용산지구 생태습지공원~승천보 구간) 주변 습지
	찾아가기	승천보교
	이동 수단	개인 차량, 자전거
	탐조 안내	광주 도심을 통과하는 폭 좁은 강으로 도시 탐조에 알맞다. 승천보교에서 시작해 용산지구 생태습지공원까지 둘러보면 된다. 오리류와 산새류를 만날 수 있고, 운이 좋으면 노랑부리저어새나 새매, 참매 같은 맹금류도 만날 수 있다. 늦봄에서 여름 사이에 뜸부기와 호사도요가 나타난 적도 있다.

전라북도

지점	항목	내용
88 내장사 (정읍시)	추천 시기 및 관찰 대상	연중: 산새류
	추천 장소	주변 하천 및 산림 가장자리
	찾아가기	내장산국립공원탐방안내소
	이동 수단	도보
	탐조 안내	하천과 주변 산림을 둘러보며 여유롭게 탐조를 즐길 수 있는 곳이다. 동고비, 박새류, 지빠귀류, 딱다구리류, 멧새류 같은 산새류를 만날 수 있다. 탐방안내소부터 내장사까지 흐르는 하천에서는 원앙을 아주 가까이서 볼 수 있다.

89 만경강 중류 (김제시, 전주시)	추천 시기 및 관찰 대상	봄·가을: 백로류, 오리류, 도요·물떼새류 등 겨울: 오리·기러기류, 논병아리류, 백로류, 도요·물떼새류, 갈매기류, 산새류 등
	추천 장소	소양천 합류부~공덕대교 구간
	찾아가기	소양천 합류부(완주군 용진읍 상운리 911-8)
	이동 수단	차량, 자전거
	탐조 안내	만경강과 만나는 소양천, 전주천 구간을 시작으로 만경강 하류 방향 공덕대교까지 이동하면서 새를 관찰할 수 있다. 다만, 주차할 곳이 마땅치가 않다. 쇠부엉이, 물수리가 만경강을 대표하는 새라고 할 수 있다. 겨울철에는 오리·기러기류를 중심으로 다양한 물새류를, 봄·가을에는 도요·물떼새류와 백로류를 만날 수 있다. 2020년에는 우리나라에서 관찰된 적이 거의 없는 느시가 나타났고, 검은어깨매도 주변 농경지에서 관찰되었다.
90 수라 갯벌 (군산시)	추천 시기 및 관찰 대상	겨울: 오리류, 논병아리류, 도요·물떼새류, 갈매기류, 산새류 등 봄·가을: 도요·물떼새류, 저어새, 황새 등
	추천 장소	하제포구 주변 갯벌, 옥구저수지, 만경강 하구(어은리 지역)
	찾아가기	군산시 옥서면 남수라 2길 66, 군산시 오식도동 841
	이동 수단	도보, 차량
	탐조 안내	수라 갯벌은 정식 명칭이 아니라 새만금 신공항 주변 갯벌을 보전하자는 의지를 담아 수라마을 이름에서 따온 것이다. 과거에는 옥구 염전 주변에 10만 마리 이상 도요새가 모여 군무를 췄으나 지금은 볼 수가 없다. 그나마 남아 있는 갯벌과 옥구저수지에 오리류, 도요·물떼새류 등이 매년 찾아온다. 저어새, 검은머리물떼새, 검은머리갈매기, 수리부엉이 등 멸종 위기종이 지내는 곳이기도 하다. 주변 습지대는 겨울철 기러기류 수천 마리가 잠자리로 삼는 곳이다. 또한 옥녀봉에는 국내 최대 민물가마우지 번식지가 있으며, 주변에 있는 새만금호에서는 겨울철에 검은머리흰죽지 6~8만 마리가 월동한다.

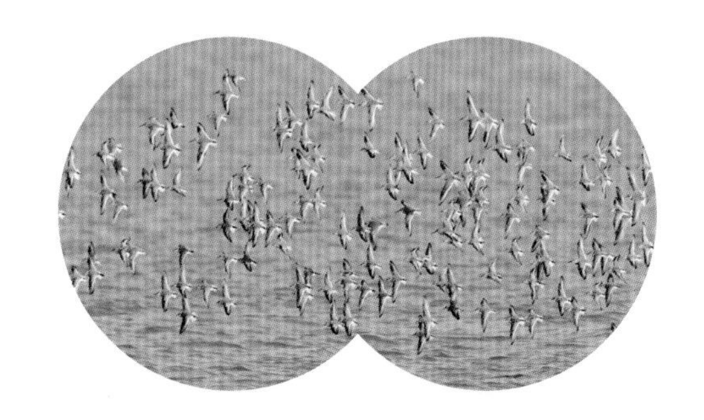

94
96
애월
95
비양도
한림
97
차귀도
한경
대정
92
93

제주권

핵심 탐조지
추천 탐조지

▶ 주걱 부리 저어새의 최대 월동지

91 제주 동부

성산일출봉, 섭지코지 등 유명한 관광지가 많을 뿐만 아니라 겨울 철새 도래지로도 유명하다. 구좌읍 하도리, 성산포 오조리, 종달리 등이 대표 탐조지다. 바다와 인접한 하도리는 면적이 약 0.77㎢이며 마을 앞바다 수심은 1m 정도이다. 과거에는 바닷물이 유입되는 만이었으나 일제 강점기에 논으로 활용하고자 둑을 막아 지금과 같은 저수지 형태가 생겼다. 성산포는 갑문다리를 통해 바닷물과 민물이 만나는 기수역이다. 갈대밭과 해송 숲이 펼쳐지며, 넓은 유채밭과 푸른 바다 등이 어우러져 풍경이 아름답다. 종달리 해안은 대부분 모래 갯벌로 제주도에서 가장 큰 해안사구가 있고 해안선을 따라 곳곳에 갈대밭과 작은 습지가 있다.

©강희만

제주도는 해안가 전체가 철새 도래지라 할 만큼 다양한 새가 쉬어 가는 곳이다. 하천과 만나는 해안이나 양식장 주변에 특히 새가 많다. 겨울 철새는 하도리, 성산포 등 제주도 동부에서 많이 만날 수 있다.

하도리 철새 도래지는 멸종위기 야생생물 I급인 저어새의 국내 최대 월동지이며 보기 힘든 맹금류도 종종 찾는 곳이다. 성산포의 갈대밭과 해송 숲은 제주의 강한 바람을 막아 주기에 수많은 겨울 철새가 편안하게 쉴 수 있는 곳이다.

동부 해안가에서는 현무암 위에서 쉬는 흑로를 종종 볼 수 있다. 우리나라 백로과 중에서 유일하게 검은 흑로는 마치 현무암이 많은 제주에서 살아가고자 검게 진화한 듯 보인다. 종달리 해안에서는 겨울철뿐만 아니라 봄·가을 이동 시기에도 다양한 도요·물떼새가 쉬었다 간다.

시간이 많지 않다면 성산하수종말처리장 주변 습지를 추천한다. 짧은 시간 동안 꽤 다양한 물새류는 물론 희귀한 새를 만날 수도 있다. 드라이브하듯이 해안가나 습지 등을 돌면서 새를 살피기에 좋다.

흰죽지꼬마물떼새

저어새

호사비오리
시베리아흰두루미
흑로
뒷부리장다리물떼새
검은멧새(수컷)
검은멧새(암컷)

핵심 탐조 지점

1 하도리 철새 도래지: 해안로 안쪽 습지 전역
물수리, 저어새, 오리류, 갈매기류, 도요·물떼새류, 맹금류 등

2 종달리 해안: 종달리 해안로 주변 습지 및 해안가
저어새, 논병아리류, 오리류, 백로류, 도요·물떼새류, 갈매기류 등

3 성산포 일대: 성산하수종말처리장, 오조 포구 주변 등
저어새, 오리류, 도요새류, 갈매기류 등

아래 QR 코드를 스캔하면
탐조 코스 지도 앱으로 연결됩니다.

네이버

카카오

추천 탐조 시기

★★		★		★			★			★	★★
1	2	3	4	5	6	7	8	9	10	11	12

주요 관찰 대상

겨울 철새
저어새, 오리·기러기류, 백로류, 도요·물떼새류, 물수리 등

봄·가을 나그네새
도요·물떼새류

찾아 가는 길

하도리는 '하도철새탐조대'를 검색해서 간 다음 주차한 뒤에 도보로 주변 습지와 해안가를 둘러본다. 종달리는 하도리와 성산포 사이에 있어 차량으로 이동하면서 해안가를 살펴본다. 단, 주차가 힘든 곳이 대부분이라 안전에 신경 써야 한다. 성산포는 '성산하수종말처리장'으로 가서 주차한 뒤 주변 습지를 살펴보면 된다. '오조 포구'는 주변에 주차한 후 도보로 이동하는 것을 추천한다.

하도리 철새 도래지

©이상화

종달리 해안

©강희만

성산포 전경

▶ 바람, 여자, 돌 그리고 새도 많은 곳

92 제주 서부

봄·가을 이동 시기에 다양한 철새를 만나기 좋은 지역이다. 주요 탐조 코스는 모슬포 초지, 섯알오름, 고산-대정 해안, 용수저수지 등이다. 모슬포 초지 주변은 제주 어느 곳과 비교해도 뒤지지 않을 만큼 풍경이 아름답지만 알뜨르비행장에는 아직도 격납고와 탄약 고터 등 일제 강점기의 전쟁 흔적이 서려 있다. 용수저수지 주변에는 농경지, 조그만 습지들이 있으나 최근 들어 많이 사라지고 있다.

모슬포 주변부터 가 보자. 알뜨르비행장 주변은 초지와 밭이 넓게 펼쳐져 있고 새를 방해할 만한 요소가 적어 쇠부리도요, 큰물떼새, 비둘기조롱이 같은 보기 어려운 새가 자주 나타난다.
주로 소나무숲으로 이루어진 섯알오름에서는 작은 산새류를 볼 수 있다. 지빠귀류와 솔새류, 솔딱새류 그리고 긴꼬리딱새도 만날 수 있다.
도요·물떼새를 보고 싶다면 고산에서 대정으로 이어지는 해안가를 추천한다. 바다와 하천이 이어지는 곳으로 수는 그리 많지 않지만 다양한 도요·물떼새가 찾아온다.
용수저수지에서는 가을철에 구레나룻제비갈매기, 흰죽지제비갈매기 같은 제비갈매기류와 장다리물떼새를 비롯한 이동성 물새류를 만날 수 있다. 겨울에는 다양한 오리류를 비롯한 물새류를 관찰할 수 있고, 여름철에는 물꿩처럼 보기 어려운 새가 번식하기도 한다. 주변 농경지에서는 종다리나 동박새, 찌르레기 같은 산새류를 만나는 재미도 쏠쏠하다. 다만 최근에는 매립되는 곳이 많아지면서 이곳을 찾는 새가 점점 줄어 아쉬움이 크다.

검은꼬리사막딱새

큰물떼새
긴꼬리딱새
황금새
구레나룻제비갈매기
팔색조
쇠청다리도요

핵심 탐조 지점

1 용수저수지: 저수지 주변, 산림 가장자리, 농경지 등
오리류, 도요·물떼새류, 맹금류, 갈매기류 등

2 고산~대정 해안: 수월봉 주변, 해안로와 주변 하천 등
백로류, 도요·물떼새류, 맹금류, 작은 산새류 등

3 모슬포 일대: 모슬포 주변 초지와 농경지, 알뜨르비행장 주변과 섯알오름
지빠귀류, 솔딱새류, 솔새류, 종다리류, 할미새류, 밭종다리류, 도요·물떼새류

아래 QR 코드를 스캔하면 탐조 코스 지도 앱으로 연결됩니다.

네이버

카카오

추천 탐조 시기

1	2	3	4	5	6	7	8	9	10	11	12
★			★★				★	★★		★	

주요 관찰 대상

봄·가을 나그네새
작은 산새류와
도요·물떼새류

찾아 가는 길

용수저수지는 '한경면 용수리 308'을 검색해 간 다음 저수지 내부와 주변을 둘러본다. 수월봉 근처의 '고산기상레이더관측소'로 가서 탐조한 다음, 남쪽으로 해안 도로를 따라 모슬포항까지 둘러보며 이동하자. 모슬포 초지는 '환태평양평화소공원'과 '섯알오름'을 검색해 간 다음 그 주변과 사이사이에 있는 초지를 관찰한다.

용수저수지

©강희만

제주 서부 해안가

©조종원

해안로 주변 하천

모슬포 일대

©강희만

93 마라도

우리나라 최남단에 위치한 섬으로 모슬포항에서 남쪽으로 약 11㎞ 떨어져 있다. 봄철에 번식지로 이동하는 철새들이 가장 먼저 쉬어 가는 곳이다. 면적은 약 0.3㎢, 해안선 길이는 약 4.2㎞이며, 남북으로 긴 타원형이다. 원래는 울창한 산림이었으나 현재는 대부분 초지로 바뀌었다. 난대성 해양 동식물이 풍부하고 주변 경관이 아름다워 2000년 7월에 천연기념물로 지정되었다.

마라도로 향하는 배에서부터 탐조는 시작된다. 간혹 멸종위기 야생생물 II급인 뿔쇠오리, 희귀종 갈색얼가니새 같은 새도 볼 수 있고 날아가는 슴새 무리를 만날 수도 있다.

마라도는 키 큰 나무가 거의 없는 초지이며 면적이 좁아 새를 관찰하기에 아주 좋다. 따로 탐조 포인트를 정하기보다는 천천히 섬 전체를 한 바퀴 둘러보면서 관찰하면 된다. 섬이 작아 한 바퀴 도는 데에 한두 시간밖에 걸리지 않는다. 작은 산새를 많이 만날 수 있고, 국제적인 멸종 위기종 섬개개비와 뿔쇠오리가 빈식하기도 한다.

봄·가을 이동 시기에 새들이 중간기착지로 삼는 섬은 대부분 그렇지만 마라도는 더욱이 기상 상황에 따라 새가 많을 때는 아주 많고 없을 때는 전혀 없다. 그래서 실망할 때도 간혹 있지만 반대로 국내에서 관찰된 적이 없는 새로운 종을 만날 가능성도 크다. 비늘무늬덤불개개비, 붉은가슴딱새, 푸른날개팔색조, 큰부리바람까마귀 등이 이곳에서 관찰되었다.

뿔쇠오리
©강희만

무당새
개개비사촌
갈색양진이
섬촉새
한국밭종다리
푸른바다직박구리
섬개개비
긴꼬리때까치

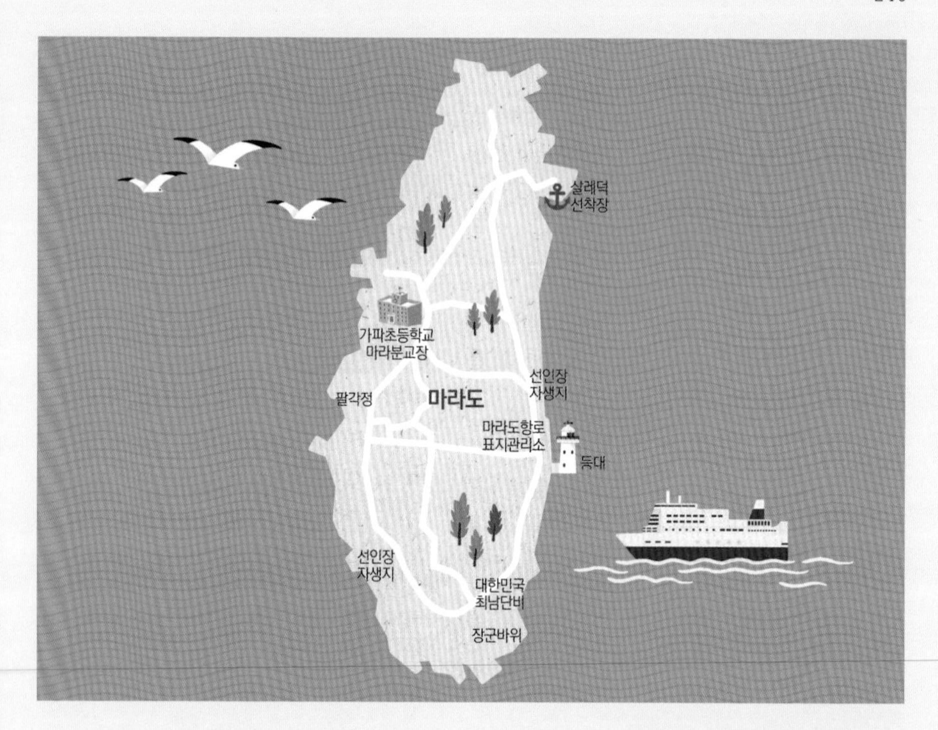

핵심 탐조 지점

마라도 전역

다양한 이동성 조류, 섬개개비 등 일부 번식 조류

아래 QR 코드를 스캔하면
탐조 코스 지도 앱으로 연결됩니다.

네이버

카카오

추천 탐조 시기

1	2	3	4	5	6	7	8	9	10	11	12
			★★					★★			

주요 관찰 대상

봄·가을 나그네새

이동성 산새류와

물새류

찾아가는 길

모슬포항 또는 송악산 근처 선착장에서 배를 타고 30분 정도면 도착한다. 배편은 많지만 숙박 시설은 거의 없어 당일치기를 추천한다. 배편은 기상 상황 등에 따라 달라질 수 있으므로 반드시 미리 알아보고 이동한다.

선착장

북쪽 전경

동쪽 초지

등대 주변

제주권 추천 탐조지

제주시

94 한라수목원 (연동)	추천 시기 및 관찰 대상	연중: 산새류
	추천 장소	수목원 전역
	찾아가기	한라수목원 주차장
	이동 수단	도보
	탐조 안내	제주도에서 산새류를 만나고 싶다면 반드시 들려야 하는 곳이다. 봄·가을 이동 시기에는 철새들이 쉬어 가고 여름철에는 긴꼬리딱새와 흰눈썹황금새가 번식한다. 겨울철에도 희귀한 검은멧새, 멋쟁이새를 비롯해 다양한 산새가 먹이를 찾아서 온다.
95 비양도 (한림읍)	추천 시기 및 관찰 대상	겨울: 논병아리류, 오리류, 백로류, 갈매기류, 산새류 등 봄·가을: 백로류, 산새류 등
	추천 장소	섬 전역
	찾아가기	한림항 도선대합실
	이동 수단	도보
	탐조 안내	다양한 새를 보려는 목적보다는 자연 환경을 누리는 탐조 여행으로 추천한다. 겨울에는 오리류와 갈매기류, 흑로 등을, 봄과 가을에는 이동하는 산새류를 만날 수 있다. 한림항에서 배를 타고 15분 정도면 닿는 가까운 섬이지만 상황에 따라 배편이 달라지니 대합실에서 꼭 확인하자.
96 애월읍 금성리	추천 시기 및 관찰 대상	겨울: 오리류, 백로류, 갈매기류 등 봄·가을: 도요·물떼새류 등
	추천 장소	금성리 주변 해안 및 금성천
	찾아가기	금성포구
	이동 수단	개인 차량
	탐조 안내	조간대에서는 흑로와 갈매기류 등이 보이며, 봄·가을에는 수는 적지만 여러 종류 도요·물떼새류가 쉬어 간다. 2011년에는 큰제비갈매기, 2013년에는 누른도요가 나타나기도 했다.

97 새별오름 (애월읍)		
	추천 시기 및 관찰 대상	봄·가을: 맹금류
	추천 장소	새별오름 정상
	찾아가기	새별오름 주차장
	이동 수단	도보
	탐조 안내	높이 519m에 사방이 트여 있어 봄·가을 이동 시기에 맹금류를 관찰하기에 알맞다. 벌매, 말똥가리, 새매류 등을 만날 수 있다.

98 김녕-세화 해안 도로 (구좌읍)		
	추천 시기 및 관찰 대상	겨울: 오리류, 백로류, 갈매기류 등 봄·가을: 도요·물떼새류 등
	추천 장소	김녕-세화 해안 도로
	찾아가기	김녕항
	이동 수단	개인 차량
	탐조 안내	물새류를 관찰하기 좋다. 특히 행원 양식장 주변에서는 넙치를 사냥하는 민물가마우지를 볼 수 있다. 겨울철에는 수많은 오리류를 만날 수 있고, 물수리가 사냥하는 모습도 덤으로 관찰할 수 있다. 수는 적지만 봄·가을 이동 시기에 도요·물떼새류도 간간이 찾아온다. 월정리 해변 인근에서는 흰죽지꼬마물떼새가 나타나기도 했다.

서귀포시

99 천미천 하류 (성산읍)		
	추천 시기 및 관찰 대상	겨울: 오리류, 백로류, 갈매기류 등
	추천 장소	천미천 하류
	찾아가기	서귀포시 성산읍 신천리 420-1
	이동 수단	개인 차량
	탐조 안내	바다와 접해 있는 곳으로 겨울에는 오리류, 백로류가 월동한다. 겨울 바람을 피해 갈매기류가 몰려드는 곳이기도 하다.

100 표선 해수욕장 (표선면)		
	추천 시기 및 관찰 대상	봄·가을: 도요·물떼새류 등
	추천 장소	해수욕장 전역
	찾아가기	표선해수욕장
	이동 수단	개인 차량
	탐조 안내	넓은 모래사장이 있어 봄·가을 이동 시기에 세가락도요, 좀도요 등 도요·물떼새류를 만날 수 있다. 간혹 큰물떼새 같은 보기 힘든 새가 나타나기도 한다.

101번째 탐조지: 우리 동네

겨울은 춥지만 새를 많이 볼 수 있어 즐겁습니다. 습지를 가득 메운 오리·기러기류, 푸른 하늘을 비행하는 맹금류, 논에서 쉬는 두루미류를 보고 있으면 얼었던 몸과 마음이 금세 녹습니다. 봄이 오면 이동하는 산새류를 따라 섬으로, 먹이를 먹으러 온 수만 마리 도요새류를 보고자 갯벌로 갑니다. 여름철에는 새 생명을 키워 내느라 분주한 어미새를 따라 덩달아 마음이 바빠집니다. 가을이 오면 섬을 통과하는 맹금류를 보고자 다시 섬을 찾습니다. 그러는 사이에 또다시 겨울이 오지요.

이처럼 새의 매력에 빠지면 사계절이 바쁩니다. 계절마다 새롭고 다양한 새가 우리나라를 찾기 때문입니다. 막연히 멀리 나가야 다양한 새를 만날 수 있다고 생각할 수도 있지만 사실 반드시 먼 곳으로 가야만 하는 것은 아닙니다. 등잔 밑이 어두운 것처럼 우리 주변에도 많은 새가 살고 있거든요.

출근할 때면 아파트 주변을 둘러봅니다. 늘 그렇듯 곤줄박이와 박새가 아침 인사를 해 줍니다. '재잘재잘' 붉은머리오목눈이와 '찍찍' 직박구리는

곤줄박이

참새

노랑턱멧새

아침부터 시끄럽고요. 어떤 날은 옆 동네에 있던 오목눈이 무리가 우리 동네를 찾아와 먹이를 먹고 갑니다. 동박새도 분주하게 움직이고, 가끔 밀화부리나 노랑눈썹솔새도 보입니다. 희귀한 새는 아니지만 행동을 관찰하는 것만으로도 무척 즐겁습니다.

사무실 점심 시간에 하는 산책도 탐조입니다. 삼십 분이면 넉넉히 갈 수 있는 곳에서 새가 꽤 있을 법한 장소도 몇 군데 찾았습니다. 주말에 갈 수 있는 탐조지입니다. 매주 반복해서 찾다 보니 간혹 희귀한 새도 만나고는 합니다. 탐조는 새 이름을 맞추고, 새로운 새를 만나는 것이 전부가 아니라는 것을 이제야 알았습니다. 주변에 있는 흔한 새를 꾸준히 관찰하고 자세히 알아 갈 때 새로운 새도 더 쉽게 보인다는 것도 깨달았고요. 여유를 가지고 주변을 찬찬히 살피면서 눈에 익은 새를 반가워하고, 작년에 봤던 새를 기다리느라 설레다 보면 사계절도 바쁘게 흘러갑니다. 따로 긴 시간을 내고 큰 경비를 들여 먼 곳으로 가지 않아도 충분히 즐겁게 탐조할 수 있습니다. 지금 여러분의 동네를 탐조지 삼아 나서 보시기를 적극 추천합니다.

새가 살 수 없는 곳에는

사람도 살 수 없기에

부디 배려하는 마음으로

새와 그들의 삶터를 아껴 주기를